生活物理SHOW!2.0

木星的炸薯條最好吃？

U0072490

簡麗賢◎著

自序

耕一畝科普的夢田

　　我是高雄農家子弟，讀高中之前仍與母親巡田種植和採收，儘管體悟耕耘的辛苦，卻也品嘗收穫的甘美。母親常跟我說：「拿鋤頭卡艱苦啦！你還是拿筆好啦！做老師就像在做田，認真就有希望，阿母希望你做老師栽培學生團。」先母的殷殷期盼，言猶在耳。

　　踏入杏壇後，除了拿粉筆在黑板筆耕和講授物理課程外，我心中的一畝田，一直有個夢，希望能以在臺灣師大的學生時代，參加社團「青年寫作協會」的琢磨和體驗，將深奧的物理理論和數學關係式，筆耕轉化成學生和民眾聽得懂的概念，傳遞「科學普及」的夢想。

　　曾在網路上讀過一篇令我印象深刻的文章，內容大意是：一名德國六歲兒童寫信詢問該國航太中心：「為什麼冥王星不能繼續當行星？」這位小朋友說他很喜歡行星，但想不透為什麼冥王星現在不是行星了？他曾問媽媽，媽媽說因為冥王星太小了。天真的他不解的說：「我也很小，但我還是一個人啊！為什麼冥王星就不行呢？」小朋友感嘆的說：「我想冥王星一定很難過！」

　　這個德國小朋友的童言童語讓許多人不禁會心一笑，然而引起共鳴而為之喝采的卻是德國航太中心科學家的回

覆。科學家不是用深奧的物理語言和數學關係式，也不是
以嚴謹制式的公文回覆，而是用太空船最新拍攝傳回的冥
王星照片，以淺顯易懂的語言，說故事的方式解釋冥王星
的公轉軌道和體積，以及為什麼將冥王星從太陽系中除名，
安慰他：「我們覺得冥王星不會太難過。」最後鼓勵小朋友：
「繼續保持好奇！」

　　閱讀這篇文章後，對於科學家面對小朋友的好奇而沒
有當成例行公事敷衍了事，卻真誠而溫馨解惑，相當敬佩；
尤其令我感動的是科學家以「繼續保持好奇」肯定與鼓勵
小朋友勇於發問和追求知識，更值得身為人師的我學習。

　　自古以來，人類的生活離不開科學，生活中處處有科
學。距離現今約一千年的北宋沈括撰寫的《夢溪筆談》，
可說是很早的一本科學普及書，內容相當多元，涉及天文、
物理、化學、地質、醫學、氣象等領域，例如磁鐵、磁極

和指南針的概念，描述凹面鏡聚光起火和聲音共振的現象，探討冬至日短、夏至日長的原因等。

　　對自然現象好奇而能探索科學是一件愉悅的事，唐代詩人杜甫在〈曲江二首〉提到：「細推物理須行樂，何須浮名絆此生。」這兩句詩可解釋為「仔細推敲與探究世間萬物變化的道理，是一件追尋快樂的事，不需要用世間浮華的名利牽絆自己的一生。」說明追求科學過程中「仔細推敲與探究」的快樂。這種快樂，諾貝爾獎得主應該最能體會，或許說「淪肌浹髓」吧！

　　2015 年諾貝爾生理暨醫學獎得主屠呦呦被稱為「青蒿素之母」，念書期間並沒有追求一般人認為的熱門科系，而是依據自己的興趣選擇較不被重視的中草藥學領域。由於興趣支持行動，大學畢業後就致力尋覓「對抗瘧疾」的草藥，從閱讀中找尋研究方法，古籍《肘後備急方》中的

一段話：「青蒿一握，水二升漬，絞取汁，盡服之」，啟發她萃取青蒿葉中的青蒿素。然而，在萃取的過程中備受煎熬，儘管是古文中的一段話，卻始終不得其門而入，找不到萃取的竅門，耗損許多精力和時間。就在快放棄時，她重新思索古籍中的旨意，頓悟其中含意並沒有記載要「高溫加熱」這個步驟，於是更改為「低溫萃取」，最後成功取得對抗瘧疾的青蒿素。

屠呦呦面對困境仍能鍥而不捨，憑藉好奇心、洞察力和理性客觀的科學態度，終於掌握萃取青蒿素的關鍵就是「溫度」，用正確的科學方法，避免高溫破壞而使用乙醚低溫萃取，從青蒿葉子中成功取得青蒿素。這樣的不凡成果，端賴興趣、好奇和熱情。

2014 年的諾貝爾物理學獎得主日籍科學家中村修二投入半導體研究工作，在 1993 年研發出「藍色發光二極體

（LED）」，這項高亮度藍光 LED 的突破性研究，被喻為「二十世紀不可能任務」，可說是「愛迪生後的第二次照明革命」。科學界和媒體稱他為「藍光教父」，表達尊崇之意。

成功的背後往往隱藏不為人知的艱辛歷程。中村修二從事科學研究的過程並不順遂，曾受到嘲諷、屈辱和不公平的對待，在尋覓藍光 LED 的材料過程中陷入困境；然而，他並沒有被擊倒，反而從困頓中激發研究的熱忱與創造力，以「衣帶漸寬終不悔，為伊消得人憔悴」的堅持，為照明開啟新時代。

「天下沒有白吃的午餐」，得獎的背後總有讓人感動的奮鬥歷程，以及令人敬佩的科學態度。這些科學家的研究成果和動人的故事，都是撰寫和推廣科學普及教育的題材。

　　幾年來，除了教學外，為了耕一畝科普的夢田，我規劃寫作，從生活和新聞事件中蒐集寫作素材和靈感，四年前出版拙作《生活物理 SHOW!》。接下來，參與臺灣大學前瞻計畫的「奈米科技與能源科技」課程，獲得科普寫作和教材編寫的源頭活水，也受邀到臺北市、新北市的圖書館和國高中與市民、學生分享科學現象和原理，並帶領「動手做實驗」，激發學習科學的動機，獲得學習科學的樂趣，傳播科學教育的理念。

　　從教學、分享及閱讀中，我持續筆耕，從生活中取材，以淺顯易懂的語言描述科學概念，融入一小部分科學家的思維，並佐以實驗介紹，完成近三十篇拙作，在幼獅文化編輯的協助下，完成《生活物理 SHOW! 2.0——木星上的炸薯條最好吃？》，內容分成「生活 Show」、「休閒 Show」、「火光 Show」和「太空 Show」等四單元，皆與

日常生活和大自然有關，很適合中小學生和民眾閱讀。文中的圖均為示意圖，不考慮其比例關係，不再一一加注，以避免閱讀困擾。

　　物理並非難以親近，物理在生活中，生活中有物理。感謝幼獅文化讓我能耕一畝科普的夢田，傳遞我的科學理念。我期許自己保持教育的熱情、科學的好奇、廣泛的閱讀，融入科學家的故事、科學的現象和原理，持續科學普及的寫作。

　　每出版一本新書，總會想起先母在田裡耕作的身影。謝謝我的媽媽，我將持續扮演好農夫和園丁的角色，耕耘一畝科普的夢田。

🥚 火光Show

🥚 太空Show

生活Show

魚缸換水就像沖馬桶

廁所，是我們生活中重要且必要的場所，每天總要報到好幾回；尤其是公共廁所，那可是「入門三步急，出門一身輕」，也是「多少英雄好漢在此忍氣吞聲，無數貞潔烈女在此寬衣解帶」的地方。公共廁所的便利和清潔是一個國家文明的指標，經常是民眾和觀光客關注的焦點，稍一不慎，可能成為報紙的頭版新聞。

 ## 馬桶怎麼會無法沖水呢？

廁所裡的洗手臺和便池能不能正常運作，水，是一個重要因素。水沒有固定的形體，可以裝在任何形狀的容器中，善於適應環境，誠如老子所說：「上善若水。水善利萬物而不爭，處眾人之所惡，故幾於道。」

現代城市裡高樓大廈林立，當建築物高度太高時，水壓可能不足，水壓不足就可能導致馬桶無法沖水，此時，只要加裝幫浦馬達（電動機）就迎刃而解。這是什麼原理呢？

在幾個互相連通的容器中，由於水沒有固定的形體，可以裝在任何形狀的容器中，因此從一個容器管口注入水或液體後，不論各容器的粗細、形狀為何，當水靜止後，各容器的水面必定在同一水平，水柱高度相同，也就是這幾個互相連通的容器底部同一水平面的各點，所受的水壓相同。這就是「連通管原理」。

▲當水或液體靜止時，無論容器是什麼形狀，
連通管各容器的液面在同一水平面上。

自來水供應系統利用連通管原理，通常將儲水池設在高處，利用水的壓力將水送往各用戶。可是當大樓高度太高，為了增強水壓，一般使用幫浦馬達將水抽到屋頂的水塔，再接到各樓層，由電能轉變為力學能，增加水的壓力，也可以

說提升水的重力位能，再轉化為動能，就可以幫廁所「清潔溜溜」。

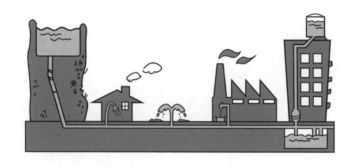

▲自來水廠的蓄水池和高樓的水塔蓋在高處的原因，就是為了利用水的壓力將水送到各個用戶。

洗手臺下方的排水管為什麼是彎曲的？

我們常見廁所洗手臺下方的排水管都是彎曲的形狀，直的排水管不是更容易排水、更能節省材料嗎？為何要這樣設計呢？主要目的是什麼呢？

在洗手臺下方裝設排水管的目的是排出使用過的水，再將這些水排到地下水道。當我們洗手時，水流經洗手臺下方的彎管，當水逐漸充滿到彎管的最高點，且超越這個位置時，

水就會產生「虹吸現象」，「溢」出而流到下水道。當水陸陸續續「盈科後進」流過彎管的最高點後，最後從洗手臺流入排水管內的水較少，造成水位較低，無法抵達彎管的最高點時，此時「虹吸現象」停止，洗手臺下的彎管就會保留一些水，這些未被排出而留在彎管內的水就扮演一個重要的「水牆」角色，隔絕洗手臺與地下水道，地下水道的汙水汙物的臭味就不會經過排水管而傳到住家屋內，如此一來，廁所或廚房等室內的空氣就能保持清淨，使我們不會聞到地下水道的臭味。所以，彎管設計的目的是「避免汙水的臭味」。

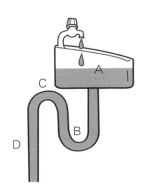

▲ (a) 當洗手臺裡排入排水管的水滿至 C 點時，就會流入 D，產生虹吸現象。

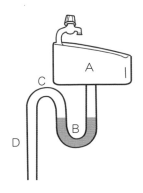

▲ (b) 當水量不足以繼續虹吸作用，只剩一些水填滿 B，產生「水封」，這就是存水彎，可隔絕來自下水道的臭味和蚊蟲。

發生虹吸現象的主要原因是同一條管子兩端的壓力不同，造成壓力差異，透過壓力差異來輸送水或液體。例如將水管的兩端同時放入水族箱和水槽內，水位較高的水族箱同時承受水壓和大氣壓力，而水槽只承受大氣壓力，透過壓力差的虹吸作用，壓力較大的水族箱這一端會將水推向水位較低的水槽中，看起來就像水自行流動。當管子兩端的水位一樣高時，水族箱和水槽的水沒有壓力差，或者說沒有位能差，水就停止流動，此時虹吸現象就停止。（如下圖）

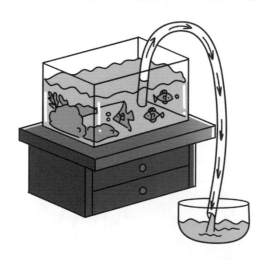

▲將長管子的一端放入水族箱，另一端放在排水槽。當水從水槽那一端流出時，管內會有短暫真空狀況，後方的水便因為重力和水分子之間的引力，而流往真空處填補。只要出水口比入水口的水面低，水就會一直持續流動，直到兩端水面等高為止。當然，在這裡的實況是，水族箱中的水會全部流掉，而不會驚擾到魚。

前面提到排水管的彎曲設計，最主要目的除了避免汙水的臭味外，我們也可以在彎管底部設計一個可以方便旋開的封蓋。當用過的水經洗手臺下的水管排出時，往往會夾帶毛髮或汙物，經過彎管時，水流速度會稍微減緩，毛髮等汙物可能沉澱在彎管底部，如果能透過這個可旋開的封蓋取出沉澱物，那麼就能順手維持地下水道的暢通，發揮我們的公德心。

 科學實驗遊戲室

自製公道杯

有一年到陝西旅遊，買到一種名為「公道杯」的特殊酒杯，如果酒超過大約八分滿，酒就會從杯底洩漏。

相傳公道杯是明朝時期地方官員為討好皇帝所進貢的精

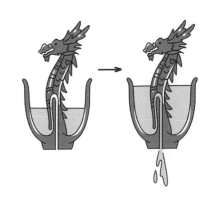

▲公道杯中的酒倒得太多，就會漏光。

巧工藝品，又稱為「九龍公道杯」。當時皇帝朱元璋令心腹大臣多喝點酒，結果斟滿者的酒全部從底部漏光。因此公道杯其實是「防貪心杯」。

「公道杯」的設計原理就是利用與大氣壓力有關的虹吸現象。我們也可以自製簡易的公道杯，如下所示。

〔實驗步驟〕

1. 準備一根吸管和透明塑膠杯。先在透明塑膠杯的底部挖個小洞，吸管一端穿過杯底的小洞後，用黏土或黏著物把杯底的洞口縫隙填滿，以免漏水。

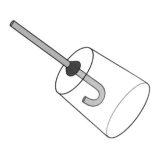

2. 接下來把杯子內的吸管折彎，折彎的這一端頂住杯底。

3. 當我們倒水到杯子裡，都相安無事，但當水已經滿到超過彎
   曲吸管的頂端時，水開始從與杯底連接的吸管另一端流出杯
   外，一直等到杯內的水位降低至杯內吸管的一端開口位置時，
   水才停止流出。

   操作幾次，情況都一樣，就好像貪杯的人想要把公道杯倒滿，
   卻一直無法如願，倒得越多，酒就流出越多。

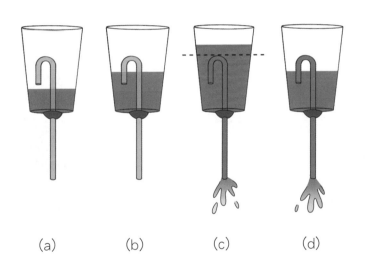

(a)　　　　(b)　　　　(c)　　　　(d)

▲只要倒入杯中的水沒有超過吸管頂端，就不會漏水，見 (a)(b)。
　一旦超過 (c) 的吸管頂端，便開始漏水，(d) 的水已漏掉大半。

物理說不完……

虹吸式咖啡機

虹吸式咖啡機（壺）是一種利用水沸騰時產生壓力來烹煮咖啡的器具。虹吸壺的主要構造是中間以導管連通上下壺，裝滿熱水的下壺會先以瓦斯燈加熱，當下壺的水蒸氣體積隨溫度增加時，能輕易將液態水往上推動通過導管，再推擠至裝好咖啡粉的上壺，而水也被源源不絕的水蒸氣支撐住，停留在上壺。

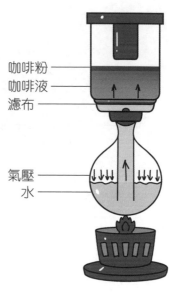

咖啡粉
咖啡液
濾布

氣壓
水

▲虹吸式咖啡機透過水蒸氣壓力為推動力，將下壺的水往上推至上壺。

不再加熱後，下壺的空氣逐漸冷卻收縮，上壺已浸泡過熱水的咖啡液，因失去下壺水蒸氣的支撐而受重力往下壺流去，咖啡渣則被濾布擋住而留在上壺。接著，拆掉上壺，熱咖啡於焉完成，即可啜飲品嘗下壺的咖啡。

自動噴泉

噴泉利用連通管的原理。例如在高處的蓄水池，用一根管子把池子裡的水引到山下，因為高處水池的液面較高，大氣壓力差會讓低處的水噴出，成為噴泉。

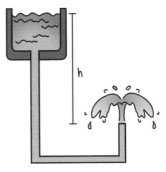

▲噴泉是利用高低處液面的壓力差而產生。

熱水瓶外側顯示水位的透明板

也是運用連通管原理設計而成。當瓶內裝水的底部壓力相同時，各處水位高度也相同，因此可從熱水瓶外側顯示水位的透明板知道水位高低，斟酌是否需要再加水。

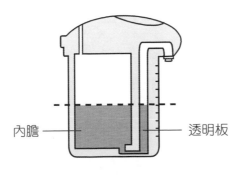

內膽 ——   —— 透明板

▲熱水瓶結構示意圖

聽見風的聲音嗎？

　　現代城市發展快速，公共工程四處興建，生活型態變化，我們可能曝露在噪音中。例如屋外令人抓狂的鑽土工程聲、睡到半夜，呼嘯而過的汽機車喇叭聲、樓下超商三不五時的開門聲、樓上鄰居幼兒玩耍的吵鬧聲，或是隔壁鄰居電視開太大聲，不一而足，這些聲音都會造成我們程度不一的干擾。

 ## 噪音與樂音

　　依據物理學的觀點，當發音體作不規則的振動，其聲譜中各頻率呈連續或近乎連續的分布，且各頻率間的數值沒有什麼關係，這種聲波不具周期性，聽起來不悅耳，稱為「噪音」。相反的，當發音體作規則性振動時發出聲波的各頻率值呈簡單整數比關係，這種聲波隨時間周期性變化，聽起來悅耳，稱為「樂音」。

老子說：「五色令人目盲，五音令人耳聾……馳騁畋獵，令人心發狂。」過於豐富的色彩，令人眼花撩亂，失去色彩感；過多的刺激聲源，使人聽覺麻木，失去音樂感，哲理名言，實堪玩味。處於噪音環境中，應該如何自處，也許真的要靠個人的修練與情緒管理，一如陶淵明「結廬在人境，而無車馬喧。問君何能爾？心遠地自偏」。如果能了解聲音物理學，相信更能包容噪音、超越噪音，達到澄明寧靜的境界。

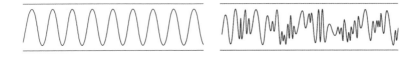

▲左為週期性聲波的樂音，右為不規則聲波的噪音。

相對於噪音帶給人困擾，樂音會帶給人喜樂，「流魚出聽，六馬仰秣」就是例證。白居易的〈琵琶行〉：「大弦嘈嘈如急雨，小弦切切如私語。嘈嘈切切錯雜彈，大珠小珠落玉盤」，描述樂器發出聲音的貼切情境，令人讚嘆。聽到好聽的樂音，誠如杜甫讚嘆「此曲只應天上有，人間能得幾回聞」。

不過，某些人耳中的「樂音」，在另一些人的耳中可能

就是「噪音」，所以超過政府制定法令所規定的音量，或科學證實對人體產生不良影響的聲音，就稱為「噪音」。

為什麼我們能聽到聲音呢？

我們之所以可以聽到聲音，除了需要聲源的振動，以及具備傳遞聲波的介質外，還得靠人耳及大腦的聽覺機制，才能聽到聲音。聲波所傳遞的能量或壓力變化傳到耳內時，會引起耳膜振動而產生聽覺。由於人耳結構的限制，若聲波的振動頻率太小或太大，皆無法和耳膜共振而引起聽覺。

人類能聽到的聲波頻率範圍約在 20 赫茲到 20,000 赫茲之間，此範圍稱為「可聞聽」範圍，超過 2 萬赫的聲波稱為「超聲波」，低於 20 赫的聲波稱為「聲下波」。如果沒有傳遞聲波的物質或聲波壓力變化太小，或是介質振動能量太低，也無法引起聽覺，例如，太空中幾乎沒有空氣，就聽不到聲音；若聲波壓力變化太大，則會對人體聽覺器官造成永久性的傷害。

聲音強度與分貝值

前面提及聲音須靠聽覺器官的接收，才能聽到聲音，而人耳及大腦所構成的聽覺系統相當複雜。從能量的觀點而言，聲波的傳播是傳遞聲波的物質（介質）分子平均振動能量的傳播，聲波每單位時間、單位面積傳播的能量，稱為「聲音強度」，聲音強度越大，引起耳膜的振動越大，聲音就越大聲。

一般人耳能聽到的最小聲音強度每平方公尺約為 10^{-12} 瓦特，在聲學上定為聽覺底限，相當於 10^{-5} 帕的壓力變化。當聲音強度每平方公尺大到 1 瓦特時，聲音顯得太大聲，耳朵會有刺痛的感覺，因此正常人耳能聽到的聲音強度範圍，由最小到最大相差達 10^{12} 倍，也就是一萬億倍。為符合普羅大眾的接受程度，因此定義強度級的物理量表示大小聲，強度級的單位為「分貝」（dB），意思是「十分之一貝」，「貝」這個單位是紀念美國人貝爾發明電話和電報對人類通訊的貢獻。

我們人耳正常的聽覺底限為零分貝，但並不是代表聲波能量為零。聲音強度越大，分貝值越大，能量越大，例如 40

分貝聲波所傳播的能量大約是 20 分貝聲波的 100 倍，100 分貝時對我們的身心造成很大的傷害。

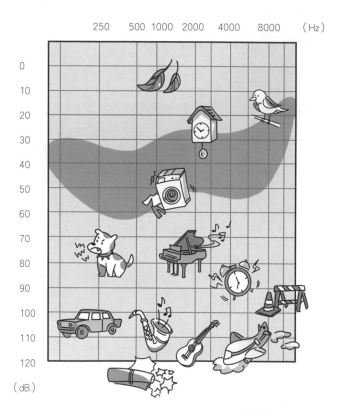

▲周遭環境常聽到的聲音及其強度

科學實驗遊戲室

神奇洗臉盆

　　中國古代有一種洗臉器具，由青銅鑄造，據說是皇帝洗臉裝水用的，因盆內有龍紋而被稱為「龍洗」。龍洗兩側各有一只金屬拋光的盆耳，當雙手手心摩擦盆耳時，盆內的水就會如噴泉般噴上來。現在讓我們來試試看。

〔實驗步驟〕

①　　　　　　②　　　　　　③

1. 在龍洗中裝八分滿的水。

2. 再把雙手沾溼放於兩盆耳上，快速摩擦盆耳大約 20 秒後，觀察此時聲音及盆中水的變化。

3. 如果順利，雙手摩擦龍洗兩側盆耳使盆子產生振動，當其振動頻率恰好與水的振動頻率相同時，便可觀察到盆中的水與龍洗因共振效應而產生搖晃，水面開始翻湧而濺起水花。

 物理說不完……

天魔琴音何以能殺人？

　　古琴音色沉穩悅耳，卻暗藏陣陣殺機，曾經風靡一時的電影《六指琴魔》中林青霞飾演武功高手，以天魔琴為武器，振動琴弦的瞬間，悅耳的琴聲頓成殺人武器，令人印象深刻。周星馳電影《功夫》裡頭包租婆的「獅吼功」更是駭人，在一定的空間內對周圍空氣產生迴盪共振，產生驚人的破壞力。

　　因為物品都有自己獨特的頻率，只要發出相同的頻率，就能震碎物品。同樣的，若是聲音振動頻率與人體相近，就會和人體產生共鳴，進而產生頭暈、耳鳴等諸多不適症狀，甚至造成大腦損傷，因此「聲波殺人」自有其物理學依據。但要達到武俠片中，把樂器當作殺人武器，進化到「無形之聲幻化成無

影之刃」的境界，並非凡人可為，必是武功內力高強者才能展現。一個習武者必須能精曉武功絕活，將「深厚內力」通過琴弦或聲帶的震動，轉化為聲波，透過空氣傳遞能量，才可能達到六指琴魔的以柔克剛，以及包租婆獅吼功的萬夫莫敵。

天災雙響炮——颱風與地震

臺灣缺乏豐富的天然資源，卻不缺乏頻繁的天然災害，每一年穿過臺灣或路過臺灣的颱風不下十次，發生的地震保守估算也在兩千次以上，包含無感地震和有感地震。所以，我們需要多了解它們的特性與發生的原因。

風生水起的怪物

儘管颱風造訪臺灣時，往往造成災害，但卻是我們一年中最主要的降雨來源。

一般而言，海面上生成颱風的條件或特徵有三項：其一，發生地點的緯度不能太低，必須在南北緯 5 度以上，主要原因是地球由西向東自轉形成的「科氏力效應」要夠大，亦即地球由西向東自轉時，會對地表運動產生偏向力，使氣流「右轉」，所以讓北半球的低氣壓系統逆時針轉動（南半球則變成順時針旋轉），形成氣旋環流。其二，必須在寬廣溫暖的海洋面上形成，海洋面的溫度一般須高於約攝氏 27 度，有利

於吸收熱量。其三，要加強熱帶性低氣壓系統，因此颱風發展初期，其垂直方向的風速必須一致，不能破壞積雲的發展。

　　以上生成條件，正好說明臺灣的颱風季節為何發生在夏、秋二季。那麼颱風的結構包含哪些部分呢？

　　「颱風眼」的「眼」，指的是颱風的中心區域，這是因為颱風逆時針方向旋轉時，中心區域因旋轉而產生離心效應，與旋進中心的風力抵消，形成無風現象。

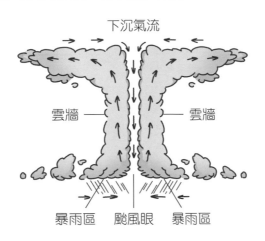

▲颱風結構示意圖。颱風眼是下沉氣流，天氣通常雲淡風輕；
　雲牆下經常出現狂風暴雨，是天氣最惡劣的區域。

　　位在颱風眼旁邊的區域，就是「雲牆」。雲牆內的上升氣流非常旺盛，颱風的最大風速往往出現在颱風眼兩側最深

厚的雲牆內，這裡具有最強的上升氣流，也就是雨量最大的區域。當空氣從高氣壓流向低氣壓，氣壓差產生「氣壓梯度力」，風，於焉生成。如果颱風中心氣壓越低，最大風速就越快，颱風的強度就越強。

颱風路徑往往受到大範圍氣流的控制或鄰近低氣壓系統的影響而改變路徑，例如轉彎、停滯或原地打轉。萬一有兩個颱風同時生成，距離很近，則可能彼此牽引，就會發生日本學者藤原櫻平在西元 1921 年發現的「藤原效應」，可能引來超大豪雨。

因此，氣象局發布確切訊息前，總會「觀察、觀察、再觀察」。

撼天動地的一秒

臺灣的天然災害，除了颱風，就不能不談到地震，過去認為地震是「地牛翻身」造成地動山搖；現代科學家研究發現，「斷層」活動和「板塊」運動，才是發生地震的真正原因。而臺灣正位於環太平洋地震帶上，也是歐亞板塊與菲律賓海洋板塊的交界區，因此臺灣成為地震頻繁區域。

　　有感地震大部分源於「斷層」活動，地震震源都位在板塊交界附近，而板塊交界區域往往隱藏許多斷層。板塊與板塊間互相推擠，使得板塊邊界的岩層發生變形，當變形扭曲的力道超過岩層所能承受的極限時，岩層便容易斷裂、錯動而造成斷層，隨即釋放能量而引發地震。發生在臺灣的地震，最知名的是民國 88 年的「九二一集集大地震」，肇因於「車籠埔斷層」；最近的一次，是「美濃斷層」造成民國 105 年的「二〇六南臺大地震」。

　　「芮氏地震規模」由地震學者芮特在西元 1935 年提出。地震規模的數字越大，代表地震釋放的能量越多，芮氏規模數值每增加 1，釋放能量大約增加 32 倍。

　　震度，是用來描述地震發生後地面震動強弱或建築物被破壞的程度，目前中央氣象局將地震分成從零到七級，有「無感」、「輕震」……「強震」、「烈震」，最高級稱為「劇震」，九二一集集大地震時的南投，就是達到「劇震」程度，出現建築物倒塌、山崩地裂、鐵軌彎曲、地下管線受到嚴重破壞等現象。

　　所以一次地震，規模數值只有一個，但震度會因為地點

不同而出現不同等級。

　　住在臺灣，地震和颱風不可免，我們沒辦法拜託颱風和地震不要來，唯一能做的就是平時做好防颱措施，強化建築耐震工程和防災演練。面對天然災害，我們只有對大自然「謙卑，謙卑，再謙卑」，防災工作「積極，積極，再積極」。

科學實驗遊戲室

科氏力效應

　　科氏力效應是因為地球自轉而造成的偏向力，風速越大，緯度越高，其作用越明顯。

　　臺北市的天文科學館，可以體驗科氏力效應。當球在轉動中的盤子想要直線運動時，往往不能如願，而是像弧線一樣會被偏轉。同樣的，如果我們在一張轉動中的硬紙板上畫直線，結果畫成弧線，因為硬紙板在轉動，而不是靜止。這個實驗可以模擬在地表運動的物體會因地球自轉而受到影響，大抵可以體驗科氏力效應。

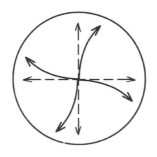

◀圓盤或硬紙板自西向東逆時針旋轉，一般而言，物體會自中心處向外直線運動（如虛線）。但因圓盤逆時針旋轉時，會變成向外彎曲的弧線（實線），整體看起來就像順時針方向向外旋出。

物理說不完……

候風地動儀

現代科技常運用很多儀器偵測地震,那古代地震是如何偵測的呢?相信大家立即會想到東漢科學家張衡發明的「候風地動儀」,地動儀是中國古代科技的代表文物之一,當時甘肅、四川等地地震頻傳,張衡鑑於地震帶給百姓莫大的威脅,因此設計出地動儀。

從歷史考證得知,地動儀是「用純銅製成,直徑八尺,蓋子中間隆起,形狀像酒樽,外面以文字和山龜鳥獸等圖案雕飾」。 地動儀的主要結構是一根上粗下細的銅柱,像鉛錘懸掛的擺,稱為「都柱」。地動儀的表面對準「東、南、西、北、東南、西南、東北、西北」八個方向各陶鑄八條龍,每條龍嘴裡各銜著一銅

球，嘴下方又各有一隻張著嘴可接住銅球的蝦蟆。銅柱和八條
龍的嘴巴間連接機械裝置（運用物理的力矩原理），當某一個
方向傳來地震波，銅柱就倒向發生地震的方向（運用波源因擾
動而釋放能量，波動傳遞能量的概念），機械對準該方向打開
龍嘴，銅球就落到蝦蟆的嘴裡（運用物理慣性概念），發出聲響。
當監測人員聽到清脆的聲響，從銅球落下的位置判斷發生地震
的大概方位。

　　以現代科技來看，地動儀運用物理學的「力矩、波動、慣性」
概念，是「遙測」地震，並非「預測」地震，提供判斷哪些地
方可能已經發生地震。

冷暖氣團拉鋸戰

　　「霸王級寒流來襲，農民提早防範寒害」，這是 2016 年一月臺灣的報紙頭版標題，臺北氣溫降到 5℃ 以下。

　　在我的生活經驗中，每年的 12 月開始，時序進入冬季，一直到翌年的 2 月，這段期間幾乎是一年中最寒冷的時期，此時來自北方的大陸冷氣團很有默契的大規模南移，造成臺灣氣溫明顯下降，形成大氣物理學所稱的「寒潮爆發」，亦即媒體所說的「寒流來襲」。印象裡，每年的「寒流來襲」，幾乎都在臺灣高中學生參加升學考試「學測」或者是春節期間。

　　「寒流」的正式名稱是「大陸冷氣團」，冬季會影響臺灣氣溫的冷氣團，大多源自於西伯利亞和蒙古一帶，當冷氣團南下抵達大陸和臺灣時，往往會使這些被橫掃過的地區氣溫急劇下降。但各地對「寒流」的定義不同。臺灣對「寒流」的定義是指：北方冷空氣像潮水一樣大規模向南移動，冷空氣侵入造成大範圍區域急劇降溫的天氣，並且平地上的氣溫

降到攝氏 10℃以下。因此,只要聽到「寒流即將來襲」,就得注意保暖和寒害,尤其是農作物和養殖業,更需要未雨綢繆,做好防寒害工作,避免嚴重凍傷,影響日後的生計。

　　常常和「寒流」連在一起的名詞是「氣團」和「冷鋒」。

　　「氣團」是指密度、溫度和溼度等三種物理性質很接近的一大團空氣,可以想像是一大群志同道合、氣味相投的空氣分子,範圍可以很廣大,甚至綿延數千公里,勢力非常龐大。不同地區形成的氣團,性質會有差異,例如,海洋上的氣團水氣含量較高,比較潮溼,而高緯度的大陸氣團就比較乾燥寒冷。以臺灣在地球上的位置而言,正好會遇到兩大「氣團」勢力,一個是前面提到引起霸王級寒流的「大陸高壓冷氣團」,另一個是「熱帶海洋暖氣團」,一冷一暖,物理性質不同,互相對抗,如果勢力互有消長,就會在臺灣呈現不同風格的天氣。冤家路窄,兩個

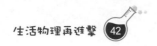

性質不同的氣團相遇，會發生什麼事呢？

　　當兩個溫度、溼度、密度等性質不同的氣團相遇時，不會握手言和，更不會輕易混合，相反的，會像古裝劇裡的兩國相爭，把自己的兄弟戰士排列成作戰的陣列，形成一個交界面，也就是兩國的前鋒互相對看，等待戰鼓響起，一決勝負。所以冷氣團和暖氣團相遇時，會形成一道不同性質的交界面，也就是氣象報告中說的「鋒面」。鋒面的寬度從數百公尺到數百公里，鋒面區域會產生垂直方向的空氣運動，往往伴有降雨現象，因此會常聽到「鋒面移到北部上空，北部的民眾最好要隨身攜帶雨具」。

▲兩個影響臺灣的氣團，一個是極地大陸高壓冷氣團，另一個是熱帶海洋高壓暖氣團。兩個氣團都是高氣壓系統，在北半球因為地球自轉的偏向力，因此都是順時針向外輻散。

　　冷鋒，是指「冷空氣推動暖空氣前進的交界面」，天氣符號以三角形表示為 ▲▲▲ ，既然是「推動」，表示冷空氣的勢力較強，因此「冷鋒來襲」，就是天氣要變冷，溫度會下降，還會下雨。如果氣象報告說冷鋒鋒面勢力特別強，大概可想到寒流威力之猛，也許真的是霸王級寒流的前兆，需要注意寒害。

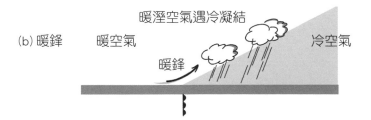

▲ (a) 當冷空氣推擠熱空氣使熱空氣上升時，會形成積雨雲，表示即將有間歇性大雨。
　 (b) 若暖空氣強勢推向冷空氣，一般會形成層狀雲，容易有連續降雨現象。

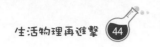
由此可知，「寒流」和「冷鋒」並不相同，二者的差別在於，以北半球而言，「寒流」是一股由北方往南方移動的冷空氣，而「冷鋒」是冷空氣推動暖空氣前進的交界面，只要寒流來襲，冷鋒就是偵測寒流方向的前哨站。

 科學實驗遊戲室

天氣瓶

一般被當作裝飾品的科學教材「天氣瓶」，也被稱為「氣象瓶」或「風暴瓶」，據說是十九世紀英國海軍上將羅伯特·費特茲洛伊為了在航海期間能預測天氣所發明的攜帶型工具，瓶內可以根據外界溫度變化而出現不同型態的結晶。

〔實驗器材〕

玻璃瓶、燒杯、水、乙醇（酒精）、樟腦丸粉末、硝酸鉀、氯化銨。

〔實驗步驟〕

1. 將天然樟腦丸粉末、硝酸鉀、氯化銨和水攪拌，使之溶解成水溶液。

2. 將步驟 1 的水溶液倒入裝有酒精的燒杯中，再攪拌使之溶解呈清水狀。

3. 將步驟 2 調製好的水溶液倒入透明玻璃瓶，攪拌後蓋緊瓶蓋。

4. 天氣瓶就此完成。天氣瓶會受「溫度」影響，手有溫度，可握著天氣瓶觀察瓶內結晶的各種變化。當溫度降低時，會逐漸形成顆粒的結晶物，溫度越低，結晶顆粒越多，範圍越大。當溫度升高時，結晶顆粒逐漸減少，再升高溫度，結晶物逐漸溶解，甚至變成清澈透明。

晴天　　　降溫或下雨　　　下雪

▲天氣瓶在不同溫度下的結晶狀況

物理說不完……

娜美的天候棒

看過日本漫畫《航海王》的讀者想必對女主角娜美的「天候棒」印象深刻，娜美的武器是否合乎科學呢？讓我們好好的來拆解一番。

乍看之下，「天候棒」只不過是三根平凡得不能再平凡的棒子（三節棍），三節棒子分別扮演了「熱」、「冷」、「電」三種製造機，根據不同組合，可使出數種驚人的絕招。

比如說，甩動「熱」棍發出熱氣泡，若被熱氣泡打中會有灼熱或燙傷感；「冷」棍則發出冷氣泡，讓周圍空氣一部分變冷，形成空間中有冷空氣和暖空氣，當太陽光進入不同密度層的空氣，因光的折射而形成「海市蜃樓」的幻影，藉此迷惑對手，也造成類似「霧裡看花」的絕招；「電」棍則發出連續電荷的電氣泡，造成對手靜電作用的「麻麻觸電感」。

又如「超級龍捲風」、「晴天霹靂」和「天打雷劈」招式，都需先將三節棍儲存能量，儲存能量的方式之一就是「雷電充

能」，想必這其中有電子元件「電容器」儲存電荷和電能的功能，才能在使用「超級龍捲風」和「晴天霹靂」絕招時，透過瞬間放電功能產生能量，結合三節棍旋轉，形成超大動能的龍捲風和「晴天霹靂」，以及「天打雷劈」的雷擊效果吧！

輪胎原地打滑，怎麼辦？

在酷寒凜冽的冬天，到合歡山賞雪、打雪戰、堆砌雪人，讓雪景盡收眼底，是許多人夢寐以求的心願。如果全家人到合歡山看風景，遇到低溫造成地面水分凍結，汽車的輪胎在停車場只能空轉卻無法離開原地，該怎麼辦？

大家一起來推車？花錢請拖吊車，耐心等待救援？

這些做法也許可行，不過比較掃興也不開心。有沒有更聰明更科學的辦法，讓車子移動呢？

在回答之前，我們先用簡單的例子說明。不知道大家有沒有玩過電動玩具小貨車？就是市面上販售，用馬達驅動的前輪玩具小車。如果小車想要推動放在前方的障礙物積木，卻只見車輪一直在原地打轉，積木卻紋風不動。面對小車無法推動積木的窘境，該如何幫助小車，讓小車有辦法推動木塊呢？

積木紋風不動，從力學的觀點來看，顯示小車與積木之間的推（壓）擠力量所形成的水平力（類似拖著沉重腳步走

路的感覺），無法克服積木與地板之間接觸面的「最大靜摩擦力」。小車的輪子一直在原地打轉，表示小車的驅動輪與地面間具有「滾動摩擦力」。

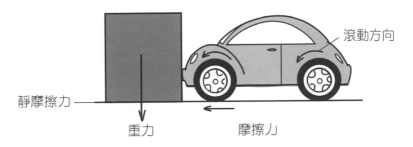

滾動方向

靜摩擦力

重力　　　　　　摩擦力

▲當小車施力推一重物（如木塊），木頭仍保持靜止不動，此時木塊與地面之間具有「靜摩擦力」。小車輪子會在原地打轉，這是因為輪子接觸的地面受到阻礙，這種現象稱為「滾動摩擦」。小車和木塊之間同時也產生了量值（大小）一樣、方向相反的作用力與反作用力。

　　小車能推動積木的力學原理究竟為何？小車的馬達由電能轉變為力學能，小車才有動力開始推動積木。一開始，如果小車與積木都不動，依據牛頓第三運動定律「作用與反作用力」的概念，小車與積木之間的推（壓）擠力量值（大小）一樣、方向相反、同時發生，但作用在小車和積木兩個不同物體上，因此不能互相抵消。當小車的動力（即推擠力）逐漸增加，先超過「木塊與地板」之接觸面的「最大靜摩擦力」

時，木塊就被推動了。但是，萬一這個推（壓）擠力先超越「小車與地板」之間的最大靜摩擦力，小車的輪子反而會在原地打轉，無法推動木塊。

了解這個原理後，我們知道只要增加小車與地板間的最大靜摩擦力，就可以幫小車「畢其功於一役」。物體越重，最大靜摩擦力越大，只要在小車上放較重的物品（如幾個五十元硬幣或其他金屬物體）；或者在小車所在地板上鋪一張粗糙的砂紙，增加靜摩擦力，這麼一來，小車就可以推動木塊了。

現在你知道該如何把陷在雪地裡的汽車輪胎救出來了嗎？要嘛增加汽車重量（如車上有人坐著，或在車中增加一些重物），要嘛增加輪胎的摩擦力（如為輪胎加上雪鏈），增大輪胎的摩擦力和抓地力，防止打滑。如果遇到泥濘地，車輪原地打滑，就需要想辦法在地面撒上粗糙的泥塊或木板，只要能增加最大靜摩擦力的物質就行，這樣才有機會幫車子脫困。

日常生活中，摩擦力無所不在，例如很用力才能推開生鏽的門窗、用很大的力氣才能移動家具等，這是摩擦力造成

的不便。但是如果沒有摩擦力，接觸面完全光滑，那也行不得，我們將無法行走、奔跑，無法握住容器，汽車無法轉彎，可以說：「生活，成也摩擦力，敗也摩擦力。」

 ## 科學實驗遊戲室

測量摩擦力

〔實驗步驟〕

1. 取一片木板和一塊小木塊，將小木塊放在水平放置的木板上，木板一端固定在桌面上。

2. 逐漸緩慢的抬高木板另一端，觀察木板傾斜角增大到幾度時，小木塊恰可自木板斜面上滑下。如果知道這個傾斜角度，就可得知木板和小木塊的接觸面的「靜摩擦係數」。

　重力在斜面上可提供一向下的分力，而垂直於斜面的分力會影響最大靜摩擦力的大小。因此，向下推動木塊時，只要再加上少許的力，即可克服摩擦力而移動。

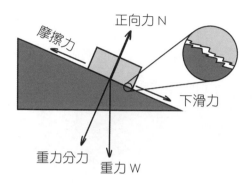

▸在斜面上的小木塊的受力情況，W 是重力，可分成平行斜面向下的分力和垂直斜面的分力，N 是斜面給小木塊的垂直作用力（稱為正向力）。物體想要往下滑動時，斜面會產生沿斜面向上的靜摩擦力對抗沿斜面向下的重力之分力。

物理說不完……

古埃及人運送金字塔石塊

古埃及人究竟如何運送金字塔石塊？根據考古學家研究，古埃及人經過多次經歷，發現搬運巨大雕像或運送厚重的金字塔石塊時，用圓木當載具，一路穿過整片沙漠時，將些許水分混入沙中黏著在圓木上，可以有效降低接觸面的動摩擦力，節省體力。這個道理如同在沙地上運送貨物時，同樣可以灑點水，讓沙粒相互黏合，減少物體與地面接觸時的動摩擦力。這個方式節省了至少一半人力。

▲古埃及人用圓木當車輪，載運巨石。

拔河比賽

根據牛頓第三運動定律「作用力與反作用力」的概念，對於拔河的兩支隊伍，甲隊對乙隊施加拉力時，乙隊對甲隊必也同時產生相同大小的拉力。因此，雙方人馬之間的拉力不是決定輸贏的關鍵。

從兩隊受力分析可知，只要隊伍所受的拉力小於隊伍與地面的最大靜摩擦力，則該隊就不會被拉動。因此，隊員必須穿上鞋底有特殊紋路的鞋，透過材質增大接觸面最大靜摩擦力；其次，隊員的體重越重，越能增加地面的正向力，也就是增加最大靜摩擦力。當胖隊和瘦隊穿著相同鞋底的鞋拔河比賽時，胖隊較容易獲勝，是因為有較大的正向力。

　　此外，拔河比賽的輸贏也受到整體隊員技巧的影響。例如，腳用力蹬地板時，可在短時間內使地面對人產生超過自己體重的正向力。又如，人向後仰，可以借助對方的拉力來增加自己與地面間的正向力。

　　依據現行國際拔河比賽的場地設計，有比賽的專用「地毯」。選手穿的比賽專用鞋，鞋底是平整的紋路，重點亦是增加鞋底和「地毯」接觸面的摩擦力。

　　簡單來說，增加地面與腳底接觸面的最大靜摩擦力，是拔河比賽的致勝關鍵。

休閒Show

吹泡泡和水上飄

水黽可以在水面上快速行走，縫衣針是鐵做的，卻可以浮在水面上，大家是否覺得不可思議呢？

只要仔細觀察，水黽在水面上滑行時，腳其實沒有沉在水中，反而像是把水面「踩凹」，而水面像有一層「彈性膜」支撐著水黽，不讓牠沉下水去。

為什麼水滴是圓的？

這是什麼原理呢？我們可以做個簡單的實驗：把水倒入透明玻璃杯或實驗室的試管，加滿水。當水面與杯（管）口齊平時，再慢慢加入水。可以發現，水面會高出杯緣一點點，卻不會馬上溢出呵！

貼近杯緣觀察，高出來的水面，就像一層薄膜那樣把水包住，讓水不會漏出來。水面那層繃緊的彈性膜，就是物理學上說的「表面張力效應」。液體由分子相互間的吸引力凝聚而成，所以液體的凝聚力是形成表面張力的原因。在液體中，每個分子都受到鄰近分子的吸引力，因此每個方向受力相等，分子力合力為零。但是介於氣體和液體間的分子的受力並不均衡，

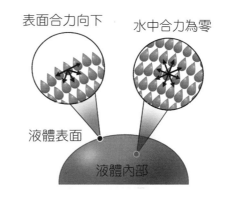

表面合力向下　水中合力為零

液體表面

液體內部

造成液體表層分子受到液體內部分子的吸引而內縮，故產生表面張力的現象。簡單來說，「表面張力」是液體為了讓自己的表面積達到最小，表面積越小，液體就越穩定，所以當水面下的水分子被往下拉時，水面便形成曲面，而懸浮於空中的液體，就一定會變成球形（如上圖）。

簡單來說，是水面具有向內緊縮的力量，能使高出杯緣的水不外流。如果動作夠小心、夠輕巧，也可以透過水的表面張力，讓密度比水大的金屬如縫衣針或迴紋針，浮在水面

上。甚至昆蟲、錫箔碎片也可以漂浮於水面上。但是，如果不小心戳破水面，縫衣針就會沉入水中。

　　表面張力的「薄膜效應」並不是水的專利，其他液體也有這種神奇特性，例如含有酒精的液體，想必大家都聽過倒啤酒時，也常提到「表面張力」。

　　至於空中的水滴，整顆表面都會與空氣接觸，水滴表面因受到向內的分子引力的影響，因此水分子會被導向液體內部，使液體形成球狀。這種表面往內縮緊的力量，就會使水滴形成表面積最小的狀態（如右圖），而體積固定時的最小表面積是球面，因此空中落下的小水滴都會呈現球狀，如葉片上的露珠或潑灑在地面上的水銀。

 ## 液體分子間有作用力

　　為何水或其他液體會有表面張力呢？主要原因就是液體分子間的作用力，簡稱為「分子力」，同一類分子間的吸引

力稱為「內聚力」，例如水分子與水分子的吸引力就是「內聚力」；不同類分子間的吸引力則是「附著力」，例如水分子與玻璃杯的「玻璃分子」間的吸引力。造成靠管壁的水分子層同時受到內聚力和附著力的互相拉扯。

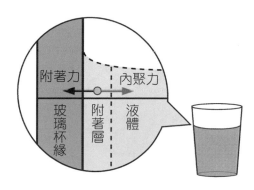

◀附著力大於內聚力，故管壁液面成凹形，且高於管外。

　　表面張力會受到分子力的影響，而分子間的吸引力，會受到分子種類、溫度、濃度以及是否摻入雜質的影響。例如水在不同溫度時，會呈現不同的表面張力，高溫時，水分子間距較遠，吸引力變弱，表面張力就小。以液體種類而言，具有強烈毒性的水銀（汞），其分子間的吸引力比水強，因此常溫時，水銀表面張力比水大，萬一不小心掉落地面，可發現水銀比水更能明顯呈現出球狀，而且很容易聚集在一起。

科學實驗遊戲室

肥皂泡泡把棉線撐開了

有個簡單的小實驗，可以幫我們理解表面張力使液體表面積縮小的特性（如下圖）。

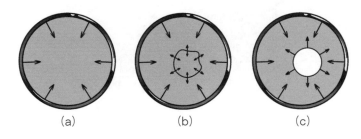

(a)　　　　　　　(b)　　　　　　　(c)

▲在圓形金屬框上沾肥皂泡膜(a)，將膜面上棉線圈內部的泡膜戳破(b)，戳破後，發現棉線圈被液體的表面張力拉成圓形(c)。

將細長的鐵絲繞成圓環，在環內連接一小圈棉線，將整個鐵絲環裝置放進肥皂水中再提起，讓鐵絲環內形成肥皂泡膜。

接著將棉線圈內的肥皂泡膜戳破。將會發現：棉線圈會撐開變成圓形。這是因為肥皂泡膜會互相拉緊，圈內的肥皂泡膜破裂後，棉線會被外圍的肥皂泡膜拉過去，成為圓形。此時棉線圈內的空心部分為圓時面積會最大，而圈外肥皂泡膜的表面積縮到了最小。

物理說不完……

水的毛細現象

「毛細現象」是指液體沿著管壁內緣移動的現象。把口徑（直徑）很小的玻璃管插入「水槽」中，可見到管內上升的水柱高度會超出槽中的水面，如圖所示，稱為「毛細現象」。管的口徑越小，毛細現象就越明顯。這種口徑細小的玻璃管被稱為「毛細管」。

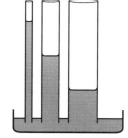

▲當玻璃管插入水槽中時，管內的水柱高度會超出槽中的水面。管徑越小者，管中的水柱越高。

水分子具有化學性質的「極性」和「氫鍵」，這是水分子間具有內聚力的原因。在細玻璃管的水面會比管壁的水面略低，也就是中間部分略呈凹陷，是因「管壁與水分子之間的附著力」略大於「水分子與水分子之間的內聚力」，附著力把管壁的水

往上稍微提升。反之，若附著力小於內聚力（如水銀），液面

將呈凸出現象。

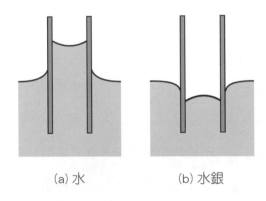

(a) 水　　　　　　(b) 水銀

▲ (a) 將細管插入水的液體中，如果液面成凹液面，液
　　體將在管內升高。
　(b) 如果液面成凸液面（如水銀），液體將在管內
　　下降。稱為「毛細現象」。

　　大自然中有不少毛細現象，例如植物內部水分的傳輸途徑

之一是靠根的木質部，木質部可視為很細的毛細管，透過「毛

細現象」把水從較低處傳輸至高處，再由莖部的維管束毛細作

用，分散至莖部各處。又如土壤中的水分經由毛細現象將水由

潮溼處傳輸至乾燥處；毛筆蘸墨汁後，墨汁沿細管爬升；紙巾

沾到水而逐漸潮溼；海綿透過孔洞的細管作用而吸取大量液體，

皆是「毛細現象」。

酒淚掛杯

　　如果在喜宴或品酒的場合，你看到有人拿起半杯的紅酒，以高腳杯柱為軸心，有節奏的旋轉酒杯，然後煞有介事的定睛觀察酒杯內壁的酒滴，口中似有感觸地吐出：「好酒啊！」此時，你會不會疑惑，這個人「究竟賣什麼膏藥呢？」

　　其實，旋轉酒杯是為了擴大酒與空氣的接觸面，加速釋放揮發葡萄酒香氣，至於酒杯內壁的酒滴，被賦予一個頗有詩意的名字──酒淚──懸掛在杯子內壁的「眼淚」，這種現象稱為「酒淚掛杯」。

　　有人說：「酒淚越多，酒質越好。」因此「酒淚掛杯」現象，引起不少物理學家研究的興趣。十九世紀的英國物理學家詹姆斯‧湯姆森曾發表論文《在葡萄酒和其它酒類表面觀察到的一些奇特現象》，認為「酒淚掛杯」是液體表面張力作用引起的「毛細現象」。之後，又有物理學家提出觀點，認為葡萄酒的酒精揮發速率比水快，當酒精逐漸揮發後，酒杯內壁的酒液分子的表面張力就越來越高，在表面張力的作

用下，酒液就被拉扯成一道道酒淚，而且在地球引力的作用下緩緩的沿酒杯的內壁往下滑動，形成很有話題的「酒淚掛杯」現象。

我們以「流體力學」觀點解釋「酒淚掛杯」，可說是綜合「酒精（乙醇）溶液的表面張力、內聚力、附著力、重力」的作用後，所產生的奇妙現象，倒不是與酒質好壞有絕對關係。

青春飛舞的滑冰

　　每隔四年舉辦一次的冬季奧運，總是引起全球關注，尤其競賽項目之一的女子花式滑冰，被喻為最美麗的戰爭。我們在電視轉播畫面上看到參賽者在比賽場地上劃出美麗的圖形，表演高難度動作，讓電視機前的觀眾看得如痴如醉。這些高難度的動作可是蘊藏著物理學原理哦！

　　開始入場時，滑冰選手會緩緩行走，透過足部給地面的作用力來獲得地面給選手的反作用力而加速，繼續獲得動能。達到一定的速率時，再透過下肢的力量和膝蓋的曲膝動作，轉化為向上跳及在空中旋轉的動能。

　　想想看，世界級選手在空中旋轉三圈，每一圈只需要 0.2 秒，可見在空中作圓周運動的速率有多快。為了讓旋轉速率

加快，轉動的動能就必須更大。

　　滑冰選手在空中快速旋轉後、落地的瞬間則充滿變數，往往考驗選手的技巧與應變能力。有些滑冰選手就因為旋轉時重心超越雙腳站立構成的「底面」而造成失誤。

　　平常我們要能站得穩穩的不會摔倒，重心（大概在肚臍附近）必須落在雙腳構成的「底面」內，如果因為身體彎曲，讓重心落在雙腳外就可能跌倒。通常重心越低越「穩重」，越不容易因為外力而跌倒，所以拔河或籃球比賽時，教練都會叮嚀選手壓低重心，就是這個原因。武術中的「站樁」也是同樣的道理。

 角動量和轉動慣量

　　花式滑冰有項動作特別吸睛，就是選手以單腳為軸快速轉動。我們會看到，當選手只以單腳接觸地板為轉軸點，雙手靠攏往上舉或環抱在胸前時，轉速會快到讓觀眾難以辨別五官；但當他們將雙手往兩側伸出時，轉速立刻變慢，可以看清楚選手自信的臉龐。

　　為什麼只靠雙手一縮一伸就可以改變轉速？這與物理轉

動力學的「角動量」和「轉動慣量」有關。

我們先了解一下什麼是「角動量」。角動量為一種向量，具有方向性，以右手定則判斷，四指為轉動方向，大拇指為角動量方向。

如果轉動物體的體積很小，轉動時，針對一個轉軸點旋轉，那麼旋轉中的物體對這個轉軸點（俗稱支點）的角動量表示為：

角動量＝轉動半徑 × 旋轉物體質量 × 旋轉速度。

如果半徑、質量和速度越大，角動量就越大。所以騎腳踏車、轉陀螺，都是因為有角動量，才能轉得又快又穩。

角動量
產生方向

旋轉方向

◀當輪子旋轉時，與輪軸的軸面垂直且通過軸心的方向產生「角動量」，以維持輪子的轉動平衡。角動量越大，轉動就越久越穩。

而滑冰選手在滑冰時，腳底與地面的接觸幾乎可以視為沒有摩擦力，也就是沒有受到外力造成的力矩影響，角動量不會改變，故符合「角動量守恆律」。其他不僅體操、跳水

動作會運用「角動量守恆」，連擔任救援工作的直升機也會
應用到「角動量守恆」。直升機能順利飛行，需要倚賴機身
的大、小螺旋槳，兩螺旋槳的轉動彼此維持在「角動量守恆」
的平衡情況下，才能讓直升機安全執行任務。

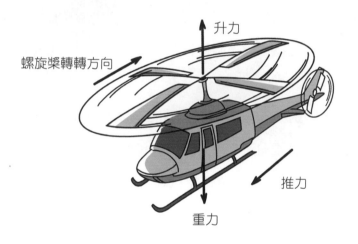

▲當主螺旋槳逆時針旋轉時，與螺旋槳垂直且通過軸心向上的方向會產生一角
動量，往下有重力、往上有升力，機尾小螺旋槳則協助，以維持「角動量守
恆」的平衡狀態。

　　當我們看到滑冰選手時而雙手抱胸、時而雙手張開；旋
轉時抱胸，轉動半徑變短，轉速因而變快；雙手張開時，轉
動半徑變長，轉速就會變慢，如果單腳再往後抬高，轉速就
變得更慢。這就和「轉動慣量」有關了。

快轉　　　　　　　慢轉

▲花式溜冰選手縮回雙手時，則轉動慣量減少，轉速變快；若
選手伸出雙手，或抬起單腳，則轉動慣量增加，轉速將變慢。

轉動慣量可以下列方式表示：

轉動慣量＝旋轉物體質量 × 轉動半徑的平方

上面的數學關係式可以解釋為：當物體繞著固定軸轉動，

轉動半徑越大時，轉動慣量就越大，物體就越不容易轉動，

即使會轉動，轉速也會變慢；如果物體可以改變質量，那麼

質量變大，物體的轉動慣量也變大，不容易轉動，轉速也容

易變慢。在整體角動量不改變的狀況下，改變轉動慣量，就

會改變轉速。所以滑冰選手的動作就符合角動量和轉動慣量

的原理了。

科學實驗遊戲室

飛輪和旋轉椅

　　這項活動的器材很簡單，就是一張旋轉椅，一個用腳踏車輪胎做成的飛輪。體驗活動的步驟如下：

1. 請參與體驗活動的演示者坐在轉椅上，手拿著飛輪。

2. 請其他人幫忙用力快速轉動飛輪，此時坐在轉椅上的人改變飛輪的位置，觀察飛輪變化的方向與演示者和旋轉椅的整體運動模式。

　　這個體驗活動的原理其實是物理學的「角動量守恆」概念。由於演示者坐在旋轉椅上，和飛輪構成一個獨立的系統，這個獨立系統不受外力的力矩作用或影響，因此達到「角動量守恆」。

　　當演示者企圖變動飛輪自轉軸方向時，系統為維持角動量守恆不變，就會產生一個反向的力矩作用於演示者的身上，演示者為維持坐姿不變，因此帶動旋轉椅旋轉。

　　在此體驗活動中，飛輪的直徑越大，重量越重，演示者旋轉飛輪時所產生的角動量變化越大，那演示效果會更明顯。

啞鈴和旋轉椅

　　角動量體驗活動也可以設計如下：

　　你可以（演示者）坐在旋轉椅上，兩手各拿一個小啞鈴，請其他人幫忙用力旋轉椅子。體驗一下，你的雙手向兩側伸直時，旋轉椅的轉速是否變得比較慢？同樣的，若把兩手收回到胸前，雙臂夾緊，旋轉椅的轉速是否又變快？

　　從以上的實驗活動中，可以得知：當坐在轉動中的旋轉椅上時，若雙手向外平伸，旋轉椅轉速變得比較慢；若把兩手收回到胸前，雙臂夾緊，旋轉椅轉速又變快。這是「角動量守恆」的概念。

物理說不完……

地球繞太陽公轉

　　太陽系八大行星的運動也跟角動量有關喔！地球就是受太陽的萬有引力作用，繞著太陽在橢圓軌道（黃道）上運轉，太陽位在橢圓軌道的其中一個焦點上。一年四季，地球與太陽的

距離並不固定，因而地球在軌道上的位置有所謂的「近日點」和「遠日點」，地球公轉至近日點附近，大概是臺灣的一月份，也就是臺灣高中學生準備學測的月份；若地球在遠日點附近，大約是臺灣的七月份，是臺灣高中學生指考升學的月份。

如果地球繞太陽的運動以太陽為轉軸點，太陽對地球的引力會正好通過太陽，也就是説，引力對轉軸點的力矩為零，因此不會改變地球公轉時的角動量，角動量是定值。也就是説，地球運行到近日點（如下圖的 a、b）附近時，速率會變快，運行到遠日點（如下圖的 c、d）時，速率就變慢，就像滑冰選手雙手抱胸時旋轉速度較快（半徑短），展開雙手時旋轉速度較慢（半徑長）；也説明行星繞太陽的單位時間內，所掃過的面積大小總是相同的緣故（如下圖，A1=A2）。這個現象符合角動量守恆的概念，同時，也是著名的克卜勒行星運動第二定律。

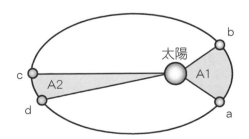

聯合國教科文組織在 2016 年正式將二十四節氣列入「人類非物質文化遺產」名錄。你知道二十四節氣與物理相關嗎？這可涉及知名的天文物理學家克卜勒的「行星運動第二定律（等面積定律）」概念。

聯合國教科文組織將地球繞太陽公轉的軌道劃分為二十四段，相鄰兩個節氣對應的地球到太陽的連心線，其夾角都是 15°。依據表列資料和克卜勒等面積定律，相鄰節氣夾角均為 15°，但冬季的時距最短，所以地球與太陽連線「平均每秒鐘掃過的角度」，在冬季時最大，而一年四季的地球與太陽連線每秒鐘掃過的面積都相等。由此推斷，隨著季節變化，地球與太陽的距離以及地球公轉的速率會變化，冬季時，地球與太陽間的距離最近，且地球運行最快。因此可得知，地球在兩節氣之間公轉的路徑長度，四季都不相同。

表：相鄰兩節氣之間的時距

季節	節氣	時距
春	清明	15 天 07 時 09 分
	穀雨	
夏	小暑	15 天 17 時 26 分
	大暑	
秋	寒露	15 天 13 時 09 分
	霜降	
冬	小寒	14 天 17 時 27 分
	大寒	

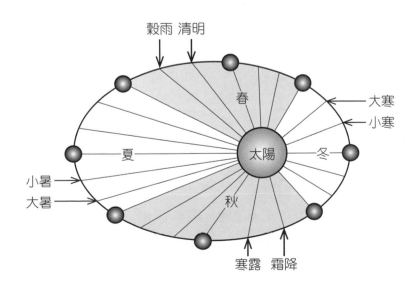

雲霄飛車──最驚險刺激的圓周運動

雲霄飛車是一種讓遊客又愛又刺激的機動娛樂設施，搭乘雲霄飛車時，時而感覺自己特別沉重，時而感覺往座位方向擠壓，時而感覺快掉出座位，那種風馳電掣尖叫掉淚的快感，讓不少年輕朋友趨之若鶩。這種刺激感是怎麼來的呢？

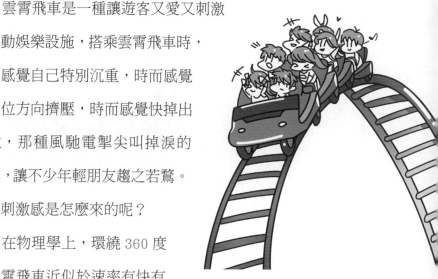

在物理學上，環繞 360 度的雲霄飛車近似於速率有快有慢的鉛直面圓周運動。當物體（如車廂）圓周運動時，必須倚賴外力提供能順利轉彎的向心力，使得物體具有向著圓形軌跡中心的「向心加速度」，向心加速度的方向與圓周運動瞬時速度方向垂直，主要功能是讓車廂順利轉彎。

如果沒有向心力，物體會依循牛頓第一定律（慣性定律），延著切線方向脫離圓周運動的軌道飛出（如下圖），只要有足夠的向心力，雲霄飛車就不會脫離軌道而掉下來。

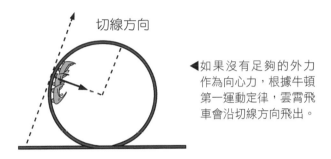

切線方向

◀如果沒有足夠的外力作為向心力，根據牛頓第一運動定律，雲霄飛車會沿切線方向飛出。

物體在圓周運動時，需要的「向心力」究竟要多大呢？這需視情況而定，因為與物體的質量、速率和軌道半徑有關。物體越重，轉得越快，軌道彎度越大，所需要的向心力就越大，危險性就越高。

你可以試著在雲霄飛車快速轉彎時把手抬起來，這時候會發現手變得很重，這就是向心力所造成的效應。足夠的外力提供足夠的向心力，才能把雲霄飛車固定在軌道上繞來繞去。

雲霄飛車只有在上坡時使用電力帶動運輸帶，將車廂運

送到高處，之後往下俯衝的刺激過程就沒再用到任何電力，這時是力學能的轉換，也就是重力位能轉換成動能，由地球引力作用而產生加速度，所以雲霄飛車才會越衝越快。

　　力學能的轉換符合能量守恆律。「能量守恆律」指的是「一個系統的總能量改變等於傳入或傳出該系統的能量」，也就是能量不會憑空產生，也不會憑空消失，只會在轉移的過程中保持總量不變。總能量為系統的力學能、熱能，以及除了熱能以外的任何內在能量形式的總和。

　　因此雲霄飛車在通過高點和低點時，依循能量守恆律在運動，位能和動能會不斷轉換。（如下圖）

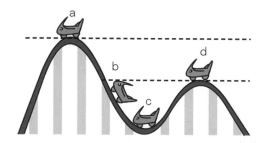

▲雲霄飛車行至最高點 a 時，動能最小，重力位能最大；繼續往下衝到 b 時，動能增加，位能減少，到達「山谷」c 時，位能減少更多，動能再增加。飛車從 c 繼續往上攀爬，位能逐漸增加，動能減少。雲霄飛車在運動過程中，因為車輪與軌道的摩擦力作用，耗損部分力學能，第二個山頭 d 的高度設計會比 a 低。

　　搭乘雲霄飛車的過程中，哪一段最刺激？體驗過的人大概會不假思索的直接回答：「當然是下坡的時候。」確實如此，因為那是向下加速度最明顯的階段。如果再問：「這段過程，坐在哪一節車廂的感覺最刺激？」你的答案會是什麼？如果定義「速率越快，刺激感就越大」，你會怎麼想？

　　打個比方，如果一列等加速移動的火車，當車頭（第一節車廂）經過路旁一根電線桿的時候就有速率，那麼最後一節車廂經過這一根電線桿的速率會比車頭第一節車廂通過電線桿的速率快，因為車廂做（正的）加速度運動，經過一段距離後，速率會加快。同樣的，在下坡過程中，坐在雲霄飛車最後一節車廂的感覺最刺激，轉彎時那種因「離心效應」造成被拋離的錯覺感最深刻，豈是「淪肌浹髓」可以形容？

　　當雲霄飛車沿著軌道移動時，坐在車廂中的你是否會感覺一股力量將你往座位方向擠壓？這是因為作用在乘客身上的合力不斷變化，列車的速度和彎道的角度也在變化。當車廂在軌道的不同點時，各點的合力不同，加速度就不同，速率也不相同，乘客會感受作用在自己身上的作用力不斷的變化。

　　世界各地遊樂園的雲霄飛車軌道型態不一定相同，因此刺激程度也不一。如果是完整的鉛直面圓形軌道，像汽車或摩托車在立體鉛直面圓形軌道特技表演，那就非常刺激，這種軌道被特技演出者戲稱「死亡特技」，因為在軌道面最底端的速率不夠大，或最頂端的速率太小，就可能摔出軌道。依據物理的力學分析，在圓形鉛直面軌道運動時，最高點的速率有一最小值$\sqrt{gr}$（稱為最高點臨界速率，g 是重力加速度，r 是軌道半徑），最低點也有一最小速率$\sqrt{5gr}$（最低點臨界速率），當車廂或表演特技的車作鉛直面的雲霄飛車時，最高點和最低點的速率都有一定最小值，否則速率太小，車就脫離軌道。

　　此外，車在圓形鉛直面軌道的最高點時，如果速率正好是最小值，這時軌道給車的「正向力（垂直支撐力）」恰為零，只靠車受到地球引力的重力作為圓周運動的向心力，如果我們此時坐在車上，你知道會有什麼感覺嗎？會感覺身體突然變輕，抓不住自己，瞬間感覺和太空中一樣，「失重」啦！如果轉到最低點呢？這時車的速率若是最小速率$\sqrt{5gr}$（最低點臨界速率），根據力學原理計算出軌道給車的正向力是物

體重量的 6 倍，也就是說我們通過最低點時，重量變得很重，如果當時還能用磅秤秤出重量，那時的體重可會「嚇死人」。

　　用下面這張圖來分析，木塊相當於雲霄列車或表演特技的汽、機車，雲霄飛車（下圖中的木塊）依靠高度的重力位能轉換成動能，作為能環繞圓形鉛直面軌道的動力（嚴謹來說是力學能）來源，那麼木塊一開始的高度不能太低，一定比圓形軌道最高點的位置（圖中的 B 點）還要高，如果軌道能真正做到無摩擦，很光滑，依據「力學能守恆律」，可算出木塊的起始高度離軌道最低點至少須高出半徑 r 的 2.5 倍，木塊才不致脫離圓形軌道。

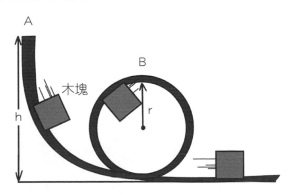

▲如果軌道面光滑，木塊剛好通過圓環頂端且所受軌道的瞬間正向力恰為零時（此時「失重」），這時木塊最小釋放高度 h = 2.5 r。

在圓形的雲霄飛車軌道上，直到列車駛出軌道，沿水平方向回到原出發點時，我們才再度回到原來的重力「感覺」，結束刺激之旅。

雲霄飛車的魅力就在短短的一段軌道中，在短暫的時間內，在不同的位置上，作用在乘客的力不斷變化，造成不一樣的「體重」變化，讓乘客體驗出各種不同微妙的感覺。

 物理說不完……

海盜船與天旋地轉

遊樂園中的「海盜船」和「天旋地轉」，可視為鉛直面的圓周運動，提供乘客體會「體重瞬間改變」的刺激感。「海盜船」和「天旋地轉」在運作時，有一段時間是透過力學能轉換為動能與重力位能，也就是改變每一點的速率和高度，因為速率不同，所需要的向心力就不同，而重力方向都保持向下，因此軌道給人的作用力量值和方向會改變，乘客就很敏感的感受到受力不一樣，產生難以言喻的刺激感。

　　當然，遊樂園的「海盜船」和「天旋地轉」並不是用不到電能，一開始還是需要電能提供動力來源，當進入轉動模式後，就可以透過重力作用改變每一點的速率，也就是動能與重力位能的轉換。

划龍舟如何才能拔頭籌？

一到端午節，就會想到粽子、屈原、立蛋、汨羅江，還有划龍舟競賽。端午佳節吃粽子和划龍舟的由來，相傳是屈原的親友和村民為了感懷與褒揚屈原的忠心，將粽子投入汨羅江，希望魚蝦吃飽後不會再啃嚙屈原的身軀；此外，在江上競相撐船是希望找到屈原，後來演變成龍舟競賽。

划龍舟是端午節重要的民俗活動，也是鍛鍊體能及培養團隊精神的運動，而且划龍舟時運用很多物理概念喔！

槳與水——力的互相作用

一組龍舟競賽團隊中通常有舵手、鼓手、鑼手、划槳手和奪標手。十幾位划槳手依循鼓手和鑼手敲擊的韻律，用相同的動作節奏，奏起槳與水互動的進行曲。槳施一作用力給水，將水推向船後，水同時給予槳一個反作用力帶動船身，將龍舟推向前方。

就像我們游泳時划水那樣，讓水的反作用力來推動龍舟，

使龍舟獲得物理學上所說的「動量」，也就是：包含選手在內的船身總質量乘以船身的速度。

　　一般而言，國內龍舟競賽時，舵手扮演助划角色，控制龍舟的方向，使龍舟能筆直前進，避免滑出水道區域，導致違規。

　　舵手使用的槳與划槳手不同，既長且寬，輕輕一划，就可使龍舟前進一大段距離。當划槳手或舵手以槳「划水」時，如果將水和槳視為兩個獨立個體來討論，水的反作用力同時對槳「作功」，也對龍舟「作功」。這個「功」，可以轉變成龍舟的動能，讓龍舟產生速率。

　　物理學上的「功」與作用力和受力體（龍舟）沿著作用力方向移動的距離有關。划槳手越用力划水，依據牛頓第三運

動定律「作用力與反作用力定律」，水作用在槳與龍舟的反作用力就越大，使龍舟可以獲得較多的「功」，再轉變成較

多的動能。

　　划龍舟時，划動頻率較快或慢，會影響龍舟的速度嗎？這裡的划動「頻率」，是指「相同時間內，槳的划動次數」。

　　如果要奪冠，必須想辦法讓龍舟獲得最大的動量。最佳狀況是在相同的時間內，既能增加划動頻率，又能增大划水量。不過，這個挑戰難度頗高。

　　一般划水時，有兩種選擇方式，第一，划動頻率較快，每次划動較少量的水；第二，划動頻率較慢，每次划動較多量的水。這兩種都同樣可以使該龍舟獲得相同量值的動量，具有相同的速度。

　　再深入討論，划槳手每次划水後，我們把龍舟和水視為一個「共同體」，這個「共同體」的總動能，就是龍舟的動能加上水的動能，正是划槳手每次划水時作的「功」。

　　以這個觀點討論划船方法的效率，就會發現：同一段時間內，每次划動頻率較低、划水量較多時，會比划動頻率較高、划水量較少時為快，也就是說，能更有效率的將龍舟向前推進。

　　然而，誠如閩南語俗諺「有一好，無二好」，如果一

開始從靜止狀態啟動龍舟時，就採用「划動頻率低，划水量多」，會很費力，因為需要給龍舟較大且持續的動量，讓它獲得較大的外力來啟動。因此一開始最好是「划動頻率高，但划水量少」，比較不費力，也較不容易造成運動傷害。等龍舟啟動一段時間後，再換成「划動頻率較低，但划水量較多」的方式，如此搭配運用，可以讓龍舟更有效率、穩定的向前划進。

最佳划槳方法

如果要划得快，划龍舟還涉及力矩、握槳的技巧、水的阻力等物理概念。

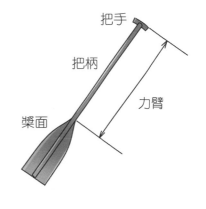

以力學的觀點說，對支點而言，力臂越大，力矩就越大；力矩越大，槳的轉動效果越強，划水效果就越好，水被撥動也越快，龍舟受到向前的力量就越大。

划槳時，槳入水時應輕盈，避免造成過多的水波及擾流；

划水後到達出水點，槳離開出水面時要迅速；槳面出水後避免再接觸水面，可以減少摩擦力；槳面必須維持與船身前進方向垂直向後划，船身才能獲得來自於水的最大反作用力。

划槳時也要盡可能將身體和手往前移，也就是將槳的入水點盡量往前伸，使入水點與划水後的出水點距離盡量長一些，增加划水過程的長度，也可以增加水的反

▲槳面與船身維持垂直，讓船身獲得最大的反作用力，使船身快速前進。

作用力對船身作「功」，轉變成船身的動能，增加速度。這些道理與較長距離捷泳的划水動作相通。

 龍舟前進速率的阻力

在水上的龍舟受到的阻力，除了空氣阻力外，與水接觸時還有三種主要的阻力。第一是接觸水面的「摩擦力」，也稱為「表面拖曳力」，是最主要的水阻力；第二是龍舟在行

駛時引起水波的擾流，形成的「擾流拖曳力」；其三，則是龍舟前行時，引起船首波和船尾流而消耗掉的部分能量。

　　以表面拖曳力而言，比較容易消耗船的能量，也就是容易降低船速。一般而言，龍舟受到的表面拖曳力與船速的平方成正比，船速越快，表面拖曳力就越大。

　　如果以「表面拖曳力」造成消耗功率來討論，平均消耗功率或瞬時消耗功率與阻力和當時的速率乘積有關。如果詳細計算比較消耗功率多寡，得到的結論是「考慮水的表面拖曳力消耗的功率，龍舟競賽全程維持同樣的速度，會比先慢划再衝刺，或先衝刺再慢划來得好，因為消耗功率比較少。」

　　影響龍舟競賽的成績，除了選手的體能、技巧外，選手動作是否一致，是否具備足夠的默契，是否能在競賽中運用物理概念，都是致勝關鍵。

物理說不完……

搖櫓

　　搖櫓的原理是物理學「轉動力矩」的概念，也就是運用支點（轉軸點）、作用力和力臂等力矩概念設計而成，並透過作用力和反作用的道理施力前進或轉彎。

　　如果作用力與「作用力到支點的垂直距離（力臂）」相乘，所得的乘積稱為此力對支點造成的「力矩」，也就是說：力矩＝力臂 × 力。

　　力矩有什麼影響呢？力矩愈大，物體越容易轉動；反之，力矩越小，物體越不易轉動。這就是搖櫓是否容易操作，搖櫓是否發揮功能的重要因素。

　　力矩具有方向性，一般為了方便解釋，其方向通常分成順時針與逆時針方向。若用相等的作用力而以不同角度拉動木條時，發現以垂直木棒的角度產生的轉動效果會比 45 度角大。此外，當沿著木棒的方向施力拉動時，木棒無法轉動，也就是力的作用方向與轉動效果有關。（如下圖）

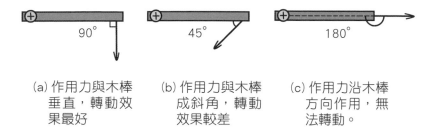

(a) 作用力與木棒
　　垂直，轉動效
　　果最好

(b) 作用力與木棒
　　成斜角，轉動
　　效果較差

(c) 作用力沿木棒
　　方向作用，無
　　法轉動。

　　我們的身體在運動時也有像搖櫓的力矩轉動效果，例如以手平舉啞鈴，可將手肘視為支點，則二頭肌的作用力對支點產生的力矩對抗啞鈴的重量對支點的力矩，如此的重量訓練，可增強二頭肌的肌力。

在歌劇院裡唱歌總是餘音繞梁？

「音樂之都」奧地利維也納有座知名的歌劇院，舞臺和牆壁採用曲面設計，以便能清楚的傳遞聲波。所以在歌劇院中，就算我們距離舞臺有六、七十公尺遠，仍然能清楚聽到歌聲。

被建築業稱為「全世界最難蓋的房子」的臺中歌劇院，也仿照古代「洞窟」，設計了「美聲涵洞」，內部共有五十八面曲面牆。

為什麼牆壁要設計成曲面呢？這跟聲波的「反射」、「吸收」和空間的「混響」有關。

聲波反射讓對方聽到聲音

聲波需要倚靠媒介物質（稱為介質）才能傳播，平常我們說話時，就是仰賴空氣這個「介質」才能把聲音傳出去，讓別人聽到我們的聲音，達到溝通的目地。日常生活中，如果沒有空氣幫我們傳遞聲波能量，彼此只能看到對方的口型

變化，但無法接收聲波訊息。

　　聲波在傳播過程中，遇到障礙物會反射，就跟光波遇到鏡子會反射一樣。山谷的回音，或是用聲納去探測海底，都跟聲波的反射有關。

　　不過，在反射過程中，有一部分聲波的能量會被交界面的物質吸收，因此反射後的聲音會比較小聲。

　　由於聲波遇到不同介質而反射時，會遵守反射定律，所以可設計一些有趣的活動。比方說，在科學教育館內或科學遊樂區中，常見以兩個拋物面做成的曲面鏡（凹面鏡），兩個曲面鏡的主軸相同，焦點也相同。兩個人分別站在焦點上說話，就算隔了一段距離，對方也能聽見。（如下圖）

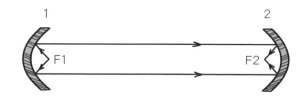

　　▲曲（凹）面鏡的焦點分別是 F1 和 F2。假如甲乙分別站在 F1
　　和 F2 處，甲在第 1 個凹面鏡的焦點 F1 處小聲講話，聲波經
　　由凹面鏡 1 反射後，會平行前進。遇到第 2 個凹面鏡時，聲
　　波反射會聚在焦點 F2 處，乙就可以聽到甲說的話。

臺中歌劇院的曲面牆運用了聲波反射的原理。因為曲面材質不易吸收聲波能量，但能反射聲波，所以如果將觀眾的位置安排在每個曲面的焦點附近，當演出者也在曲面焦點時，就能透過反射傳遞聲音。

 ## 混響與聽覺清晰度

不過，要讓聽眾清楚聽到舞臺上的聲音，設計時除了考慮牆面的反射與吸收效果，也要考慮「混響」。

「混響」，指的是原先發出的聲音，會和反射後的回聲「交互影響」。

在室內發出聲音必定有回聲，只是強弱不一。當聲源停止發聲，聲音就會被環境中的物質吸收，讓聲波能量逐漸衰減。

像這樣，當聲源停止發聲，聲波在封閉空間反射延續的時間，就稱為「混響時間」。「混響時間」會影響聽覺的清晰程度，也就是辨識度。

混響時間若太短，聲音聽起來會乾澀而不自然，缺少包圍感和空間感；但若混響時間太長，舊的聲音尚未消失，新

的聲音又開始出現，反而使原聲含混不清。所以音樂廳或歌
劇院建築會把混響因素列入設計考量。

 科學實驗遊戲室

吹出不同的頻率

〔實驗器材〕

量筒（100 毫升）一支（如同管樂器）、小漏斗一個（放在量筒
口倒水用）、滴管一支（微調水位時，滴入水用）、燒杯或玻
璃杯一個（裝水用）、手機（下載 APP 應用程式的頻譜分析儀）。

〔實驗步驟〕

1. 在實驗桌上準備好材料，燒杯或玻璃杯先裝八分滿的水，手
   機先下載測量聲音的頻譜分析儀。

2. 把小漏斗放在量筒筒口上，再將燒杯或玻璃杯的水倒進漏斗，
   以嘴緊靠量筒筒口的邊緣吹。從未裝水、裝水 10 毫升、20
   毫升、30 毫升、40 毫升，一直到 90 毫升，為了使水位讀數
   更精準，可使用滴管微調水位。每增加 10 毫升的水位，就用

嘴吹一次，每吹一次，就用手機應用程式 APP 的頻譜分析儀測量頻率為多少赫茲，記錄每一次的數據，可得到 10 次的數據。（注：每一次改變水位，要注意眼睛平視量筒刻度，否則很容易產生誤差，並用滴管吸取燒杯內的水，再滴入量筒內，微調控制水位；反之，若量筒內的水過多，也可用滴管吸出而微調水位。若能準備十支相同的量筒，可事先在量筒內裝好不同刻度的水。）

▲水位越高，頻率越高，音調就越高。

3. 比較 10 次的數據，看看是否水位越高，頻率值越高。（注：吹的時候，也可以用耳朵聽看看，音調是否有高低變化？音調高，其對應的頻率赫茲值也會越高。）

物理說不完……

古人唱歌不用麥克風

在沒有麥克風及音場設計的唐代，人潮擁擠時，要怎麼聽清楚白居易〈琵琶行〉中描述的「大絃嘈嘈如急雨，小絃切切如私語；嘈嘈切切錯雜彈，大珠小珠落玉盤」？如何能在眾多觀眾的空間中好好聆聽一場古人的「中國好聲音」或「明日之星」的音樂饗宴呢？

我的判斷是，古代以唱歌和彈奏樂器來養家糊口的人，想必很擅長觀察演出地點有何優劣勢，了解觀眾群的特徵，歌者了解運用丹田唱歌，嫻熟唱歌技巧，保養聲帶，演奏者能了解樂器的發聲原理和特色，從累積的經驗中知道如何安排樂器的位置，因此，即使沒有麥克風，也能好好表現唱歌的藝術。

再者，古代表演的地方應該沒有像

現代的音樂廳或歌劇院那麼寬大，也可能沒有類似現代巨蛋這種場地，空間不大，加上欣賞歌唱或樂器演奏的人，大抵是安靜不喧譁的觀眾，因此在沒有雜訊的空間，可以聆聽沒有麥克風裝置的演出。

此外，從現代人表演的古裝劇中來看，我猜想，古人可能會在表演的舞臺上，在適當的位置擺上幾面大型銅鏡或屏風，發揮聲波反射效果，將聲音傳送至舞臺外的某個角落，這可能是經驗豐富的演出者想出的設計。

當然啦！也許白居易時代的古人很聰明，早已發揮音場設計的智慧。

耳機如何消除噪音？

讀者可能有這種經驗，搭公車、捷運或火車時，我們常戴上耳機，聆聽音樂，放鬆心情。然而路旁或公車、捷運行駛時產生的噪音，難免影響聽覺效果。倘若調高音量，或許聽得比較清楚，但長期下來，可能嚴重傷害我們的聽覺系統。

想要戴耳機聽音樂，又得防範耳朵受傷，該怎麼做？

「科技始終來自人性」，科技提升生活品質，現在已經發

明一種能消除噪音的耳機，應用物理學「聲波干涉」概念，透過偵測周遭環境的噪音，再利用耳機內建的喇叭，產生相反相位的聲波，造成聲波與聲波間的破壞性干涉，以消除噪音。這樣一來，我們不用增強分貝值，就能享受聽音樂的愉悅。

火光Show

電線的火花

　　在凜冽的寒冬季節裡，倘若能與知心朋友或家人聚在一起天南地北的閒聊，屋內點著電燈，用電熱水壺煮開水泡茶泡咖啡，烤箱裡有可口酥脆的點心，電鍋裡有熱騰騰的八寶粥，烤麵包機有溫熱的吐司，再加上電暖爐發光發熱的陪伴，相信這是最簡單的幸福。但是，在溫暖的屋內啜飲茶與咖啡，心頭流淌著幸福時，須注意用電安全，因為幸福建築在安全之上。

 ## 電流熱效應

　　在現代科技下，電熱水壺、烤麵包機、電鍋等電器已成為我們生活的好幫手。一般而言，電器產品大多數是利用電流流經電器線路的電阻，再將電能轉換成熱能。英國科學家焦耳對此現象提出：「電流流經導體產生的熱量與電流的平方、導體的電阻和通電時間成正比」，稱為「焦耳定律」，也是「電流熱效應」的基本概念。

　　利用電流熱效應而設計的電器用品還包含電鍋、烤麵包機、吹風機、電熨斗等，這些電器用品內部都有導線，一般為鎳鉻合金的電阻線，通上電流後，就可讓電能轉變為熱能。電流熱效應產生的熱能是電阻消耗電能轉變而來，在固定的時間裡，流經的電流越強，導線的電阻越大，消耗的電能就越多，熱能也相對越多。

 ## 迴路、斷路、短路

　　當電燈或電熱水壺的插頭插上插座時，燈會點亮、水會受熱而沸騰，電器能正常運作，這是因為電器與家裡的電路構成「通路」或「迴路」。電路中的電流或電子的流動就會有週期性運動。如果拔掉插頭，或電器內其中一項元件器材故障，或是插頭與電線的相接處斷裂，那麼電路就連不上線，電子的流動就無法週期運動，形成「斷路」，電燈就不亮。

　　圖1的燈泡兩端加一段金屬導線與燈泡串聯，燈泡會發亮，表示通路。圖2的燈泡與電池的迴路雖然是接通狀態，但是燈泡卻不會發亮。這是因為燈泡兩端與金屬導線並聯（並排聯接電池），金屬導線的電阻遠小於燈泡的電阻，電流或

電子「很聰明」，會找阻礙（電阻）最小的導線通過，不會找電阻大很多的燈泡為通路，因此造成數量很多的電子或很大的電流流經導線，此現象稱為「短路」。此外，也會因為「電流的熱效應」而使電池和導線的溫度上升，造成電線高溫而熔化，點燃附近的易燃物，釀成火災，這是俗稱的「電線走火」，所以易燃物千萬不要堆在電線或插座附近。

▲圖 1 燈泡與電池形成「迴路」

▲圖 2 電線短路

　　如圖 3，若將電線彎曲、拉扯或擠壓，也容易使電線斷裂，形成「斷路」。如果圖 3 中斷裂的兩條線不巧相碰，就會發生如圖 4 的短路。容易發生短路的地方包含插頭、電器和電線連接處、老舊的電線等。圖 4 兩條裸露的電線接觸時，流經電線的電流會變得非常大，產生的熱會將電線上的絕緣

▲圖 3 電線斷路

▲圖 4 互相接觸的兩條裸露電線
　　易出現火花，形成短路

皮熔化，而出現火花及爆炸聲，容易釀成悲劇，不可不慎。

　　此外，電線能承受的電流有其限制，能承受流經的最大電流稱為「安全負載電流」，因此冬天同時使用電鍋、電暖爐之類等數個高功率電器用品，危險性非常高。尤其在同一電源或插座上連接太多電器時，像用延長線加接各種電器，常常會使流經電線的總電流超過電線的安全負載電流，這時可能使電線產生高熱而造成危險，不論何時何地，要注意用電安全，才能避免電線短路與走火。

科學實驗遊戲室

電湯匙的熱效應

電流流經具有電阻的導線時，會有電能轉變為熱能的現象，這是「電流熱效應」的概念。

生活中最簡單的電流熱效應實驗：取一支電湯匙，再取一鍋子裝八分滿的水，電湯匙置入水中，注意湯匙要完全浸入水中，再將電湯匙的插頭插進插座，經過一段時間，會發現水溫逐漸升高，最後沸騰，也就是已經轉為熱能，這時要避免「乾燒」，以免湯匙損壞，發生危險。

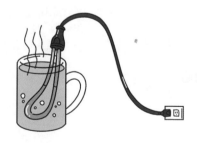

物理說不完……

電蚊拍

電蚊拍的設計原理是透過一個可升高電位差（電壓）的電路，或是高頻震盪電路，裡頭包含整流線路和能儲存電能的電容器，以及高壓電擊網。當兩面金屬網的電路電壓升高到相當高的伏特數，此時就具有很大的電能，可儲存在電容器中，當金屬網遇到可導電的蚊子時，蚊子的身體會造成高壓電擊網短路，儲存電能的電容發生放電現象，產生電弧火花，透過火花而電斃蚊子。

電磁爐

線圈中的磁場或磁力線發生變化時會產生「（感）應電流」。同樣的，當通過塊狀導體的磁場發生變化時，也會產生應電流。導體板由許多線圈密集組成，當磁棒 N 極接近導體板時，會使通過導體板的磁場（磁力線）增加，依照「冷次定

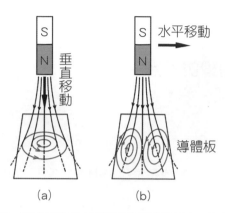

▲圖5 當一磁棒垂直或水平通過金屬導體板時，造成磁場（磁力線數目）變化，會在導體板上產生漩渦狀的渦電流。

律」，在板上產生逆時針方向的應電流，以反抗磁場的變化（如圖5(a)）。

另一種情況是，當磁鐵棒沿平行於金屬導體板（相當於電磁爐的表面面板）的方向運動時，在磁鐵棒前方的金屬導體板因通過的磁場強度增加，故產生逆時針方向的應電流；在磁鐵棒後方的導體板因通過的磁場強度減少，產生順時針方向的應電流（如圖5(b)）。因為在磁鐵棒平行移動時造成金屬導體板上產生漩渦狀的應電流，這樣的應電流可想像成旋渦形狀，稱為渦電流（eddy current），如圖5所示。

金屬導體內形成渦電流時，因導體具有電阻而會消耗電功率，轉變成熱，應用電磁感應產生渦電流，再由電流熱效應產

生熱而製成電磁爐。由於鐵磁性物質在外加磁場的環境中會發生磁化，並且大幅度增加磁場強度，大量增加渦電流，產生相當多的熱。電磁爐就是應用電磁感應產生渦電流的原理製成的加熱器具。

　　使用電磁爐必須配合鐵製鍋具或在鍋具底部塗上一層鐵磁性薄膜，不能直接放上陶瓷鍋具。因為陶瓷等其他材質製成的鍋具無法磁化並產生足夠功率的渦電流與熱能。如圖 6 所示，電磁爐的內部裝有感應線圈，其中心軸垂直於爐面，當通以交流電時，依據安培的電流磁效應概念，線圈內產生上下交互變換的磁場，使爐上的鐵製鍋具產生渦電流而生熱能，再經由鍋具和鍋內食物的傳導、對流等熱傳播作用，達到加熱效果。

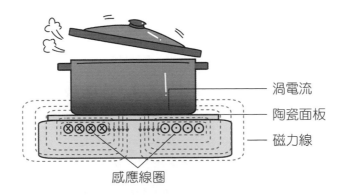

渦電流
陶瓷面板
磁力線
感應線圈

▲圖 6 根據上圖的原理，電磁爐陶瓷面板下安置線圈，交流電通過後，磁場發生變化，鍋具有鐵磁性薄膜的底部會產生渦電流，運用電流的熱效應加熱食物。

聲音可滅火？

周星馳的電影《功夫》裡頭有「獅吼功」，能摧毀擋在面前的一切，現實生活中也有車輪爆胎，巨大的聲響造成汽車車門鈑金凹陷、車窗震破；也有疑似高速飛行的戰機造成音爆嚇死鵝群。聲波具有能量和殺傷力，如果能善用這個特性，聲波也可以用來滅火，世界青少年發明展金牌獎作品，就曾經特別針對畫作和珍貴文物設計「聲音滅火器」。

火焰害怕獅吼功？

如果要有效滅火，其中一種方法就是減少助燃物，也就是減少空氣中的氧氣。常用的滅火器中有乾粉（碳酸氫鈉）滅火器、鹵化烷（俗稱海龍）滅火器、泡沫滅火器等，這些滅火器經化學反應和高壓推進作用而滅火後，往往留下周遭環境粉塵和難聞的味道，可是「一片狼藉」啊！有沒有滅火器發揮滅火功能後，而不會造成環境一片狼藉或滿目瘡痍呢？聲音可以做得到喔！

空氣中的聲波是一種疏密波，透過振動源的聲波產生器造成擾動，經由空氣的傳遞而將波動的能量傳播出去，空氣分子的分布就會有疏有密，密區空氣分子較集中，疏區空氣較稀薄；而且音頻越低，疏區的空氣越稀薄，一旦火苗落在疏區，會因助燃的氧氣很少而熄滅。因此，我們可以利用低頻率、長波長、高分貝音量的聲音來減少空氣的存在，也就是讓火焰處的空氣分布比較疏鬆，藉此減少火焰處的空氣助燃物，而逐漸讓火焰熄滅。

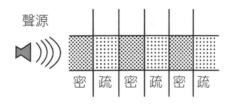

▲聲波移動時，空氣分子會形成疏密區，密區的氧氣足，會促使火源燒得更旺。相對的，疏區氧氣不足，正好可被利用來消滅火苗，達到滅火目的。

駭人聽聞的音爆

除了滅火，爆胎的聲音還能造成汽車毀損，這個道理與「聲波嚇死鵝」相通，關鍵都是「聲波就是能量」、「聲波

傳遞能量」的概念。我們可以想像，爆胎瞬間產生空氣擾動，形成巨大能量的聲波，當然可能造成汽車毀損，這跟武俠片中的「怒吼功」、「掌中雷」造成空氣瞬間振動，形成能量而擊退敵人，以及科學玩具「空氣炮」，可說異曲同工。

日常生活中，我們很常聽到消防車、救護車或警車的鳴笛聲。當我們站在路邊，看著鳴叫「嗡咿嗡咿」警笛聲的消防車從遠處疾駛而來，又迅速從眼前呼嘯而過，會覺得警笛聲的聲調出現高低變化，消防車接近我們時，音調較高，遠離我們時卻變低。這種音調高低變化是因為觀察者和聲源之間的相對運動而形成的「錯覺效應」，也就是知名的奧地利科學家都卜勒所提出的「都卜勒效應」。

延伸觀察者和聲源之間的相對運動而形成的「都卜勒效應」，在我們的周遭環境中，可能聽到產生「音爆」的超音速飛機。當飛機的飛行速率是空氣中音速的 2 倍時，代表飛機以 2 馬赫飛行。「馬赫」是指聲源速率與音速的比值。

如何造成「音爆」？當聲源的飛行速率超過音速時，例如法國協和客機飛行速率為 2.2 馬赫，聲波從聲源處形成球

形對外快速擴散，當超音速飛機或戰鬥機的飛行速率快過聲速時，會逐漸「追上」早已往前發出的聲波，造成波形重疊，產生一圓錐形的震波，使得向前傳播的聲波頻率越來越高，最後這些聲波會在飛機機身的前緣「推擠」，造成瞬間壓力變化，形成「震波」。我們在地面上會感受到這股壓力波向兩旁發散，而形成一道瞬間壓力變化的震動，並聽到飛機穿刺震波而傳來爆裂般的巨響，這種現象就是「音爆」。音爆可能使人耳聾，擾人心緒，因此最好離開現場。

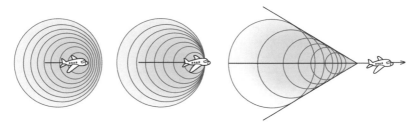

①飛機以超音　②飛機追上聲波　③各聲波形成圓錐形震波
　速前進

▲聲源（如超音速飛機）的移動速率大於空氣中的聲速時，聲源後來發出的波反而超越先前發出的波，各波會推擠堆疊形成圓錐形的球面波，通過圓錐頂點的截面像 V 字形，隨著聲源在空氣中傳播，空氣會受到擠壓而產生壓力急遽變化，因而出現「震波」。當震波觸及地面，地面的觀察者會聽到爆裂般的巨大聲響，就是「音爆」。

科學實驗遊戲室

如何測量聲速？

如何知道空氣中的聲速有多快呢？運用共鳴空氣柱（共鳴儀）可以測量實驗室的聲速，這是應用聲波在管柱（空氣柱）內會形成「駐波」現象的概念。「駐波」是指入射波遇到從界面反射回來的反射波所形成的一種「重疊波」的物理現象，其特色是能量不會傳遞出去，只能在一空間內原地來回振動，故名之為「駐波」。生活中，駐波現象常見於弦樂器的弦上。

▲駐波

〔實驗器材〕

共鳴儀（含有 1 公尺長玻璃管空氣柱、儲水漏斗、支架）1 組、音叉 1000 赫茲（Hz）1 支、橡皮槌 1 支、橡皮圈 3 條

〔實驗步驟〕

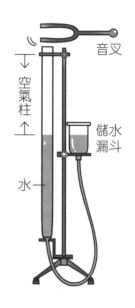

▲共鳴儀（空氣柱）
　裝置圖

1. 將 3 條橡皮圈套在共鳴儀的玻璃管柱，聽到共鳴聲音時，可作為紀錄水面位置的記號。

2. 將儲水漏斗放置在最低位置，裝滿水後再提高至最高位置，這個步驟應用到連通管原理。

3. 以橡皮槌敲擊音叉，再將振動的音叉移近玻璃管口上方約 1 公分處，不要讓音叉接觸到玻璃管，並將音叉振動方向保持與管柱平行。

4. 在音叉振動期間，緩慢降下儲水漏斗的位置，直到第一次出現聲音很大聲時，以橡皮圈標記該位置。

5. 再降低儲水漏斗的位置，依據前面步驟，再繼續找出第二次、第三次出現聲音很大聲的位置，做到這裡，玻璃管可以標記三個水面位置，也就是五條橡皮圈標記的位置。這三個位置可以稱為「共鳴位置」。

6. 取管口為原點，測量自管口至第一條、第二條、第三條橡皮

圈的位置，距離分別為多少，記錄下來。你會發現相鄰兩條

橡皮圈的位置相差（間隔距離）應該相同或很接近。

7. 算出相鄰兩次橡皮筋位置（共鳴點）間的間隔距離，依據駐

波的概念，這個距離是聲波波長的一半，藉此可算出實驗室

聲波的波長 λ。

8. 實驗用的音叉標示振動頻率 f 為 1,000Hz，代入週期波公式 v

＝fλ，求得實驗室的聲速測量值。

【注：依據做過的經驗，使用頻率 f 為 1,000Hz 的音叉，得到兩條橡皮圈的間隔距離大約為 17 公分，17 公分是波長的一半，藉此估算出聲波波長為 34 公分，也就是 0.34 公尺，公式 v ＝ fλ，聲速等於 1000×0.34=340 公尺 / 秒】

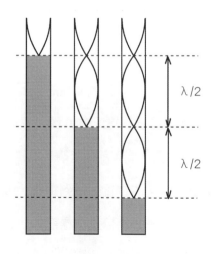

▲共鳴空氣柱產生聲波的駐波，相鄰兩水位
的距離等於波長 λ 的一半。

物理說不完……

音爆雲

當飛行器或飛機移動的速率比空氣中的聲速快時，就產生震波，傳到地面就伴隨巨大聲響而形成「音爆」。地面上的人往往在飛機飛過頭頂上後才聽到類似爆炸聲，也可能在特定天氣中看到飛機尾巴出現雲霧狀結構，也就是「音爆雲」。音爆雲的形成原因大抵是因衝擊波造成空氣壓力變化，也就是壓力驟減後間接造成空氣溫度驟降，水蒸氣凝結成水珠而形成雲霧。

如果看過警匪追逐的影片，若追逐地點是在湖面上，汽艇快速移動時，汽艇的兩側會出現兩道明顯的「雲霧狀水波」，這是汽艇的速度比水波的波速快而造成的震波現象，相當於超音速飛機的音爆雲。

音爆驅鳥器

哪些地方最擔憂鳥類成為「不速之客」呢？對了，就是農田、機場和軍事基地。農人為了避免鳥類影響農作物成長而驅

趕飛鳥，可能使用「音爆驅鳥器」，運用全自動液化瓦斯加壓後，形成類似音爆效果來驅趕鳥類。音爆驅鳥器的分貝值可調到 100 分貝，而且具有週期性，如每 15 分鐘產生一次音爆，農人往往日落後設定驅鳥器，入夜後可以協助農人趕鳥。機場或軍事重地，也經常被這些不速之客所困擾，因為怕飛機起降或飛行時，鳥類捲進引擎，造成危險，因此不得不用音爆驅鳥器。

電動公車如何來電？

　　為了呼應全球的環保意識，綠能科技已是全球趨勢，韓國已經率先推出可在路上邊開邊充電的電動公車。公車只要在公車站停車載客或遇到紅綠燈時，就可以同時充電，不必因為充電「加油」而暫停載客，所以，電動公車能充分運用零碎時間而完成充電和載客。它們是如何辦到的呢？

 電流磁效應與電磁感應

　　我們先了解什麼是「電流磁效應」（安培定律）和「電磁感應」（冷次和法拉第的定律）。

　　丹麥科學家厄斯特發現，任何通電流的金屬線圈周圍會產生磁場，稱為「電流磁效應」。後來法國的安培則建構電流可以產生磁場的相關理論，把原本被認為互不相干的電與磁兩種現象連結在一起。（如圖 1）

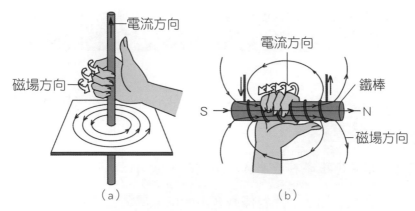

▲圖1 （a）通電流的金屬直導線周圍會產生磁場，此為「電流磁效應」。
　　　（b）螺旋形金屬線圈通上電流後，線圈內也會產生磁場，以右手握住
　　　　　線圈，四指指向導線上電流的方向，大拇指所指為磁場方向（N
　　　　　極）。這是「安培定律」的內涵之一。

　　通過電流的導線可以產生磁場，那麼磁場能不能產生電
呢？1831年英國物理學家法拉第實驗，將一根磁鐵棒迅速插
入線圈或從線圈中迅速抽出時，亦即當通過封閉線圈的磁場
（或嚴謹說成「磁通量」）改變時，該線圈就會產生電流。
這種現象稱為「電磁感應」。線圈經由電磁感應而產生的電
流稱為「應電流」。（如圖2）

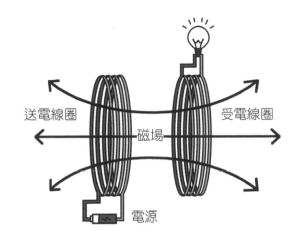

送電線圈　　　　受電線圈

磁場

電源

▲圖 2 一金屬線圈接上交流電源，可產生變化的磁場，透過
　　變化的磁場使另一接近的金屬線圈產生應電流，可達
　　成充電的目的。

 ## 沿路接收電力，公車不怕熄火

　　交叉路口和公車站是公車會停留時間較長的地方，韓國
首爾市在路面下安置電功率 180 千瓦的電源，當公車到達時，
電源會打開。從交流電源流出的電流通過埋藏在公車行駛路
線下方的地下線圈時，會「感應」磁場（電生磁──電流磁
效應），這個磁場會發生變化而對安裝在公車上的另一個線
圈造成影響（磁生電──電磁感應），公車車體的線圈會因
為路面地下線圈外來的磁場變化而產生「排斥」，從而觸發

對應的「感應磁場」，而產生「應對流」，再傳到驅動公車馬達的電池，幫公車上的電池充電。

受電側裝置 ➡ 電池 電源

磁場

↑↑↑ 送電側裝置 ⬅

▲電動車行駛通過馬路下方的地下線圈時，會感應磁場，從而幫電動車上的電池充電。

首爾市將此電磁學概念發揮得淋漓盡致，整條公車路線只要在公車站牌和交通號誌路口安裝線圈，只需 5% 到 15% 的道路安裝金屬線圈即可使公車充電再上路，既有效率又能降低系統的建置成本，一舉數得。

 金屬探測器

日常生活中應用「電流磁效應」或「電磁感應」所製成的器材或電器用品不少，例如俗稱「馬達」的電動機，就是應用「電流磁效應」將電能轉變為力學能；高樓大廈建築物

或醫院裡需要安裝發電機；夜市攤販老闆做生意使用發電機提供照明電力，發電機就是運用「電磁感應」概念將力學能轉變成電能。即使是用來改變電壓的變壓器以及家庭用電器的電磁爐等，也應用「電磁感應」。

　　另外，國慶日前夕，便衣憲兵或安全人員在總統府附近利用金屬探測器搜尋可疑物品；旅客出入機場的安全檢查關卡時出現的嗶嗶聲，也應用電磁感應原理。當金屬探測器內的線圈通上交流電時，就產生變化

▲金屬探測器原理

的磁場，此變化的磁場能在被偵測的金屬物體內部產生環狀「（感）應電流」，稱為「渦電流」；反過來，渦電流又會產生「（感）應磁場」，進而引發探測器發出鳴叫聲。金屬探測器不僅能應用在安全檢查上，還可以應用在考古學上，協助尋找探測古物，或是在日常生活上探測硬幣、鑰匙以及其他金屬物品。

　　有些國家的民眾使用金屬探測器需要申請牌照，例如法國、瑞典等，其主要用意在於防止夜盜，保護未被發掘的考古景點。

　　應用電磁感應原理製成的金屬探測器，種類不一而足，包含俗稱「安檢門」的金屬探測門、軍隊用的掃雷器、工業用金屬探測器、攜帶型金屬探測器、水中金屬探測器和機場人員手持金屬探測器等，當我看到這些科技產品時，腦海中總是浮現物理學家冷次和法拉第。

 科學實驗遊戲室

〔實驗一〕電流磁效應 1

步驟 1：取兩個電池，兩條金屬直導線。

步驟 2：導線各接上每一個電池兩極，兩條導線平行接近時，可觀察兩條直導線彼此相吸或相斥。

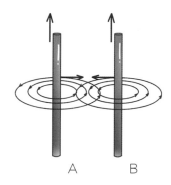
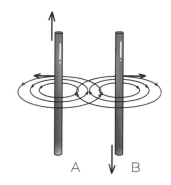

兩電流方向相同，導線相吸　　兩電流方向相反，導線相斥

▲兩條平行金屬導線都通流向相同的電流時，如果距離近，可以
　發現彼此會相吸。若是電流方向相反，兩條導線便互斥。

〔**實驗二**〕電流磁效應 2

金屬圓形線圈接上電池，把指南針
（羅盤）放在圓圈正中央，可發現
指南針的 N 極會偏轉，這是電流磁
效應的結果。電流越強，偏轉角度
越大。

▲把線圈連上電池，指北針
　靠近線圈時，指針會受到
　線圈影響而偏轉。

〔實驗三〕電磁感應

　　以下重現法拉第的電磁感應實驗。

步驟 1：取實驗室裡的檢流計，接上很多圈金屬線，繞成密集的
　　　　金屬圓形線圈，或取螺線管。

步驟 2：取一根磁棒，觀察磁棒在金屬線圈向上插入或向下抽離
　　　　時，檢流計的指針是否偏轉。

步驟 3：如果線路和操作方式沒問題，應該會看到檢流計偏轉，
　　　　代表發生「磁生電」的「電磁感應」現象。

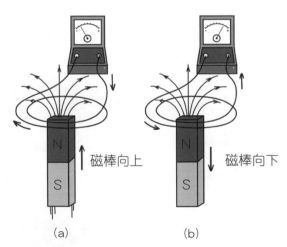

▲ (a) 磁棒 N 極與線圈相互接近時，線圈中將產生應電流。
　(b) 磁棒 N 極與線圈相互遠離時，線圈中也會產生應電流。
　（圖中為清楚呈現電流狀態，故線圈僅簡單示意兩圈。）

物理說不完……

動圈式麥克風

麥克風是日常生活中常見的科技產品，是老師和節目主持人倚靠來保護聲帶的好朋友。

有一種「動圈式麥克風」也是運用電磁感應原理設計而成。其內部的可動線圈套在圓柱形永久磁鐵上，前端的振動膜片與可動線圈連結。當我們對著麥克風說話時，空氣中的聲波傳遞能量，造成壓力變化而使膜片振動，促使可動線圈在永久磁鐵建立的磁場內振動，形成磁場變化，即可產生「（感）應電流」。這個應電流訊號傳送至揚聲器，再利用「電流磁效應」產生作用力，可以使線圈連動膜片振動，發出聲音。

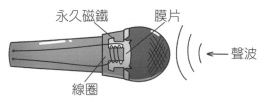

永久磁鐵　膜片

線圈

←—聲波

◀對著麥克風說話時，聲波會振動膜片，線圈隨之振動，並產生變化的磁場，從而產生（感）應電流。

烤肉竟讓石頭爆開？

烤肉是許多人喜愛的戶外活動，不論是中秋佳節或露營聯誼，烤肉幾乎是最應景最受歡迎的安排。然而，我們也曾看過新聞報導，一群人在溪邊烤肉，烤到一半，用來支撐架網的石頭竟然爆炸，「石頭與木炭齊飛，碎片共肉片一色」，造成人員閃避不及而灼傷或燙傷。這是怎麼一回事？

烤肉其實是一項很專業的活動，必須遵守烤肉安全守則：「要使用合格烤肉架，不要用石頭」、「周邊不放易燃物」、「地點要通風」、「準備滅火用水」等，這其中涉及熱學的物理概念喔！

其實你不懂石頭的脆弱

每一種物質都有其特有的成分和結構，不同種類的岩石或金屬，其內部分子的構造和分子間結合力就不同，造成熱漲冷縮或耐熱程度不一致。

試想一下，為什麼打鐵用的爐子採用紅磚砌，而不用石

頭？因為石頭的耐熱度遠低於紅磚。岩石的結構與當時生成時的環境和冷卻速率有關，一般的岩石組成不均勻，生成過程中的空隙可能包覆空氣或其他物質成分，結構就顯得脆弱；如果遇到高溫，很可能因為空隙內的氣體與岩石熱傳導程度不同，受熱不均勻而爆開。紅磚則是專人燒製，其成分與結構都經專業檢驗，使其熱傳導和耐熱程度既均勻又比一般的石頭高，因此打鐵用的爐子採用紅磚砌成。

高溫傳導至低溫的風險

為何岩石的結構與當時生成時的環境和冷卻速率有關呢？我們知道，岩石種類可分火成岩、沉積岩和變質岩，這三大類岩石的生成環境不相同，與生成地點、溫度、壓力等有關，因此其內部的結構迥異。比如說，火山爆發時，岩漿形成的火成岩因生成地點不同、冷卻速率不同，而形成的顆粒大小和成分也不同，有火山岩和深成岩之分，澎湖著名的玄武岩和金門的花崗岩就是很好的例子。又如，沉積作用形成的沉積岩，其砂岩和頁岩的顆粒大小不同也是因為生成環境造成的差異。

　　不同岩石內部含有一些成分及結構不同的礦物，不同礦物可能具有不同金屬物質或化學成分，因此具有不同的硬度（受磨損的忍耐程度）和熱傳導能力，例如石英含有二氧化矽成分，與玻璃有關，其硬度和熱傳導能力就與含有碳酸鈣成分的方解石有差異，當然也與鑽石（金剛石）迥然不同。

　　曾經看過一則新聞，新北市一戶人家在家裡煮茶談天，落地窗玻璃卻整片爆裂飛散！當時是嚴寒的冬天，門窗緊閉，屋內溫度高，屋外溫度低，熱量從高溫傳導至低溫，可能因為這片落地窗玻璃製造時結構不均勻，導致玻璃熱傳導不一，造成驚險畫面。

　　所以，如果我們從溪邊撿拾來路不明的石頭充當烤肉架，可能因為結構不均勻，熱傳導能力不一，熱膨脹程度不同，造成石頭內部的分子步調不一致而容易分裂而爆炸。

　　市面上的「石頭火鍋」或原住民採用的「石板烤肉」，其使用的石材硬度較佳，而且結構單純，熱傳導能力均勻，比較不致有爆裂之虞。因此，烤肉時還是要採用合格的烤肉架，確保安全。

科學實驗遊戲室

步驟 1：取相同長度規格的銅棒、鐵棒、鋁棒、木棒各一根，以
　　　　實驗室的支架將四根棒子互相架成十字型，且離地約
　　　　20 公分。

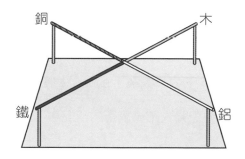

步驟 2：每一根棒子上用熔化的蠟油黏住各五支火柴棒。

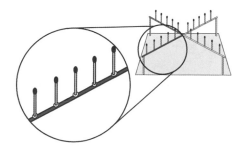

步驟 3：在十字型中心部分放置酒精燈，點燃酒精燈，再觀察哪
　　　　一根棒子上的火柴棒先倒下。

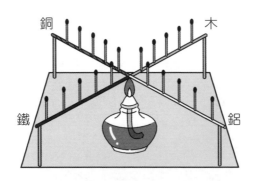

你會發現最先倒下的是銅棒上的火柴棒，接下來是鐵棒上的火柴棒，繼續觀察記錄火柴棒倒下的情況。

從這個觀察的示範實驗中，我們可以知道規格相同，材料不同的棒子，以銅棒的熱傳導能力最好，木棒則最差。

在所有固體中，金屬因導熱能力最好，常被選為導熱材料，而非金屬或氣體則比較不易導熱，故多做隔熱用途。以銀、銅、鋁三種常見的金屬互相比較，銀的導熱能力最佳，其次為銅和鋁。純金屬的導熱能力一般隨溫度升高而降低。

物理說不完……

土窯烤番薯

　　我在農村長大，焢土窯烤番薯和芋頭是假日最好的活動。我們先吆喝同伴在暫時休耕的田地裡找一適當地方建築土窯，四處找一些乾木材、葉片或木炭，然後在田裡就地取材，找適切的土塊像蓋房子一樣堆土窯，逐層加高而內縮，疊成空心半圓球狀，側邊底部留一窯口，上端可留一小出口方便燒窯時對流助燃，其他部位盡量靠攏緊密結實，避免在燒窯時散失熱氣。蓋好土窯後，接下來就從窯口放入適量木材起火燒窯，木材可交錯放置，利於燃燒。當土塊燒得很紅很燙時，判斷土塊已吸收足夠的熱量，即可將番薯芋頭等放入窯中，迅速用熱土塊蓋上，並適當的用木頭敲打較大塊的熱土塊，避免細縫

過多；再來鏟土將窯鋪蓋一層厚厚的沙土，避免熱量散失過多。一般經過大約兩小時後，即可開窯取番薯芋頭，大快朵頤。若是其他食物，則需要看食物種類，決定開窯時間。

　　土窯烤番薯或焢土窯雞的物理概念與悶燒鍋一樣，都是避免熱量散失，並透過熱傳導將熱量傳給番薯或土雞。

　　熱從高溫物體轉移到低溫物體，熱傳播方式包含傳導、對流、輻射。熱傳導必須靠物質作媒介，才能將熱從高溫處傳遞到低溫處，這是固體物質傳播熱量的主要方式。熱傳導的快慢或難易程度與物質本身的特性有關。容易傳熱的物質，稱為熱的良導體，例如銅、鋁等金屬；反之，很難傳熱的物質，則稱為熱的絕緣體，例如石綿、玻璃纖維等。

糖炒栗子

　　逛臺灣的夜市或傳統市場時，常有機會邂逅「糖炒栗子」。只要定睛仔細觀察，就會發現大鍋子裡主要是栗子和黑色砂粒。

　　為何要用黑色砂粒？以物理原理解釋，與熱學的「比熱」有關。什麼是「比熱」？相同質量的不同物質，在同一熱源上

加熱相同時間，卻有不同的溫度變化。以水為例，水的比熱是 1
卡／克℃，也就是使一公克的水升高攝氏一度需要一卡的熱量，
而砂粒的比熱比水小很多，假如吸收相同的熱，溫度變化比水
更大。簡言之，吸收相同的熱量，比熱越大的物質，溫度越不
容易改變；相反的，比熱越小的物質，溫度變化很明顯。砂粒
的比熱非常小，所以比水更容易升溫，也更容易降溫。運用這
個原理，把栗子混入大鍋子裡的砂粒一起炒，增加栗子的受熱
面積，會使栗子快速均勻受熱。

「自燃」是「反射」惹的禍？

近幾年，夏日氣溫節節上升，臺北地區甚至飆出百年最高溫——攝氏 39.3 度的紀錄，臺灣已成了名副其實的「烤番薯」！高溫，除了容易中暑外，如果不小心，還容易引來祝融，釀成火災。

媒體曾報導，臺北一處公寓鐵門前，有輛機車突然起火延燒，毀損五輛機車，推測是因為鐵門或其他機車的後照鏡反射強烈的太陽光，會聚到機車面

板，達到燃點後，起火燒車。總之，最大原因應該是「反射」造的孽。

英國倫敦也曾發生停在大馬路邊的汽車，在炎炎夏日裡，引擎蓋鈑金疑似「曬過頭」而「融化」的案例，肇因新建大樓的牆壁平面造型太光亮，陽光一照射就反射光線到大馬路

上，而這部受難汽車可能停留太久，接受陽光照射和牆面反射光雙重夾擊，造成強光毀損鈑金。

　　這種現象牽涉到「光的反射」。光線照在不同的界面上，有一部分光線會回到原有的介質中，即為反射，也就是把能量又傳回來，如下圖所示，兩個角度相同。這種現象好比是在籃球場上打籃球時，以 45 度角地板傳球給隊友，籃球就會與地板呈 45 度角彈起，你可以把籃球移動的路線當作是光入射地板反彈到空中一樣。太陽光本身就是能量，反射回來的能量可以轉變成熱，引起燃燒。

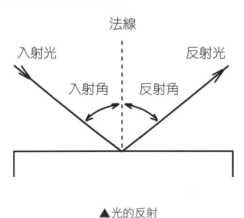

▲光的反射

　　反射的界面不同，也會影響反射的效果。若是將拋物面作成反射面，就成為「拋物面鏡」。拋物面鏡有一重要的性

質，根據反射定律，任一平行於主軸的光線入射至拋物面鏡
的凹面，其反射光線必定通過拋物線的「焦點」。根據這個
性質可知，若是從遠方射來的太陽光，正好平行拋物面鏡的
主軸而入射在鏡面上，則其反射光線必會聚於焦點，能量更
集中，如下圖(a)所示。反過來說，依據光的可逆性，沿著反
射光線的路徑回去，就是入射光線的路徑，也就是像前面所
舉的籃球例子一樣，籃球以 45 度角入射打到地板，球幾乎可
以用 45 度角反彈到空中，如果把反彈的球再一次依據原有路
線打到地板，球會被反彈，且走的路線與最初入射的路線相
同。因此，若將傳統電燈泡的光源放在拋物面鏡的焦點 F 上，
經由鏡面反射的光線必定平行主軸射出，如下圖(b)所示。

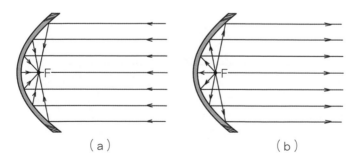

（a）　　　　　　　　（b）

▲ (a) 拋物面鏡可以將平行主軸的入射光會聚在焦點 F。
　 (b) 若點光源置於拋物面鏡的焦點 F 處，則發出的光線經鏡面反射後，
　　　 皆平行主軸。

依據物理學的反射定律，如果新聞中的鐵門有類似凹陷的拋物面區域，而且很光亮，那麼產生反射的太陽光聚焦的威力便會更強。

同理，有些住家架設拋物面鏡製成的碟型天線來收看衛星電視節目；2008 年北京奧運開幕式聖火點燃儀式，也是利用拋物面鏡把入射的陽光會聚在焦點處，將火炬點燃。

機車白燃事件提醒我們，天氣熱，溫度高，切勿把會反射太陽光的物品及易燃物放在開放空間，就可避免發生高溫起火的意外。

 科學實驗遊戲室

焦距在哪裡？

〔材料〕

凹面鏡一面、白紙一張（2 公分 X 2 公分，面積比面鏡小）、30 公分直尺一支

〔實驗步驟〕

1. 向學校物理實驗室借凹面鏡（或凹拋物面鏡），拿到太陽光下照射（在夏天正午時段照射，效果最好）。

2. 把凹面鏡固定放在地面上，鏡面面向天空，讓太陽光（相當於來自遠方的平行光）照射到凹面鏡，而反射光線到達白紙上。

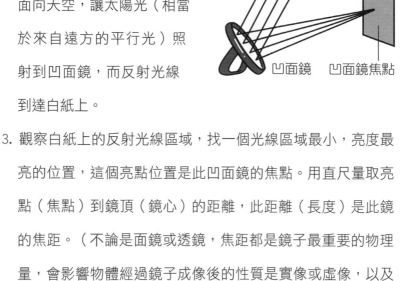

陽光

白紙

凹面鏡　凹面鏡焦點

3. 觀察白紙上的反射光線區域，找一個光線區域最小，亮度最亮的位置，這個亮點位置是此凹面鏡的焦點。用直尺量取亮點（焦點）到鏡頂（鏡心）的距離，此距離（長度）是此鏡的焦距。（不論是面鏡或透鏡，焦距都是鏡子最重要的物理量，會影響物體經過鏡子成像後的性質是實像或虛像，以及像的大小如何。近視眼或老花眼的鏡片度數都與其焦距有關。）

4. 把凹面鏡放在地面上的不同位置，重複以上步驟，量取焦距，看看數據是不是很接近或相同？

5. 耐心觀察紙張需要經過多少時間才會受熱燃燒。

6. 換另一凹面鏡，重複上面步驟，找出此面鏡的焦距，看看這兩面凹面鏡的焦距是否相同？

生活中與凹面鏡構造類似的物品如玻璃帷幕，經物體反射陽光後聚焦的位置須謹慎置放紙張、棉製品、塑膠地毯等易燃物，以防受熱燃燒，造成火災。

除了凹面鏡，凸透鏡也有同樣的聚焦效果，例如若家中在地毯上擺飾水晶球，陽光又透過水晶球聚焦於地毯上（如下圖），導致高溫燃燒，不可不慎。

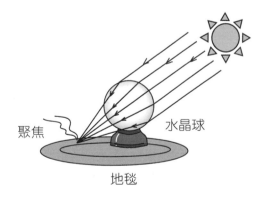

物理說不完……

乾毛巾也會自燃？

「自燃」的意思是指可燃物質在沒有外來火源作用時，肇因於受熱（如反射光）或自身溫度過高所產生的自行燃燒現象。除了前文中因受陽光反射聚熱而自燃外，煤炭、乾草、堆肥與某些化學物質都可能因嚴重堆積、細菌發酵作用及太陽照射的高溫下，達到燃點而發生「自燃」。

例如洗衣店烘乾的毛巾自動起火，蛋酥店的蛋酥自行燃燒，其共同特徵皆是「油」和「堆積」。送洗的一堆乾毛巾殘存精油，水洗烘乾後未攤開散熱，讓殘存的精油發生「自燃」；炸好的蛋酥未分開散熱，鋪平吹涼，也可能因堆積而「自燃」，引發祝融肆虐。

由於精油和蛋酥內的大豆油都含有「不飽和脂肪酸」，在長時間堆積和高溫的情況下易達到「燃點」而產生「自燃」，不可小覷。

氣體碰撞連環爆！

　　2014 年 7 月 31 日夜間十一點五十六分，高雄前鎮、苓雅地區發生有機氣體氣爆事件，造成人員傷亡，房屋及道路嚴重毀損。從這件媒體關注的爆炸案，我們究竟能學到什麼科學概念？又該如何未雨綢繆？

　　舉辦慶祝活動時，往往會以氣球布置活動場地，如果氣球內充填的是氫氣，那麼眾多氣球聚在一起，就會提高危險性，因為氫氣本身具有自燃特性，只要有一點火苗，就易引起氫氣與氧氣的分子碰撞，造成化學的「氧化」反應而引起連環爆，這就是「氫爆」。要避免「氫爆」意外，舉辦活動時，千萬不要貪小便宜（氫氣成本較低），應該以活性很小的惰性氣體「氦氣」取代。氦氣喜歡「孤獨」，耐得住寂寞，非常不容易與空氣中的氧氣「一時天雷勾動地火」，當然就很難「一發不可收拾」，悲劇的發生機率也會大幅降低。

氣體分子愛運動

一般而言，氣體分子很喜歡運動，幾乎都處在互相碰撞的狀態中，氣體分子與分子碰撞就形成「擴散」現象，例如教室講桌上放置一束玉蘭花，教室後排的同學很快就聞到玉蘭香，就是氣體分子碰撞運動的典型例子，如果我們的教室正好密閉，那麼更容易感受到分子碰撞的現象。

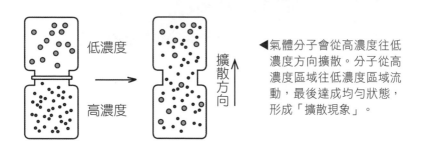

◀氣體分子會從高濃度往低濃度方向擴散。分子從高濃度區域往低濃度區域流動，最後達成均勻狀態，形成「擴散現象」。

氣體分子運動混亂而沒有規則，它的特性就像曹植《洛神賦》中形容的「動無常則，若往若還；進止難期，若危若安」，也像武俠片的「凌波微步」般玄妙難測。分子運動的研究源於 1827 年英國科學家布朗，布朗本身是醫師也是植物學家，他在研究懸浮於水中的花粉微粒時，意外發現這些微粒竟然不停的不規則折線運動，後來成為科學家討論分子運動的論點，稱為「布朗運動」。著名的物理學家愛因斯坦也

針對分子的「布朗運動」提出數學理論分析和解釋，成為後來重要的學理和實驗依據。

 ## 氣體越熱越不安分

布朗運動證實分子會不停的運動，而且溫度越高，其運動越劇烈，形成「熱運動」。因此當溫度越高時，分子的碰撞越激烈，越容易形成爆炸現象。

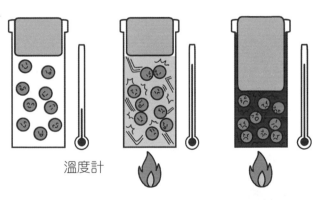

溫度計

分子活動不活潑　　加熱後，氣體分子動能變大。　　當溫度變高，又處於密閉環境中，壓力會變大，爆炸危險就增加。

▲大量氣體若在密閉的環境中，當環境的溫度越高時，這些氣體分子的動能就越大，造成密閉環境的壓力會變大。當環境所承受的壓力太大時，容易發生爆裂的危險。

　　以 2014 年的高雄氣爆事件為例，媒體指出主要的氣體分子是「丙烯」，丙烯是有機物質氣體，一個丙烯分子含有三個碳原子和六個氫原子，是無色易燃氣體，味道較淡，但不好聞，燃點也低，遇高溫就容易爆炸燃燒。聚合後的聚丙烯可以製作塑膠和人工纖維。化工廠用的氣體原料輸送安全管道是封閉的，因此管道處於高壓狀態，密閉的管道壓力來自氣體分子碰撞，氣體分子數越多，壓力越大；溫度越高，壓力也越大，分子的動能也越大。這次事件中發現輸送管道的壓力數值下降，就表示有氣體外洩，壓力才變小，此時應該停止輸送氣體，趕緊關閉源頭。

　　此次高雄氣爆，有一條道路近兩公里路面被炸成壕溝，一輛汽車被炸時向上運動四層樓高，爆炸威力驚人。如果這輛汽車 2,000 公斤，四層樓高約為 12 公尺，假設車子由地面衝向空中最高點為一秒鐘，依據牛頓運動定律推估，汽車受到瞬間爆炸的威力可達 7,000 公斤重，氣體爆炸的恐怖確實不能小覷。

　　從這次氣爆事件中，我們期待能夠從科學知識中習得事故的危機處理。

科學實驗遊戲室

〔實驗步驟〕

1. 準備兩個燒杯，一杯裝室溫的冷水，一杯裝沸水。

2. 兩者各滴入幾滴紅墨水，觀察紅墨水在兩個燒杯內的擴散現象。

   我們可以發現裝沸水的那杯，紅墨水擴散速率比較快，說明溫度高低會影響擴散速率，也就是影響分子間的碰撞速率。

冷水　　熱水

▲紅墨水在熱水中的擴散速度比在冷水中快速。

物理說不完……

天燈與熱氣球

天燈，也稱「孔明燈」，是古代傳遞軍事訊息的智慧型產物。天燈的升空原理和加熱式的熱氣球相似，是由蠟燭火焰加熱氣球裡面的空氣，空氣被加熱後，分子間的距離和空隙變大，熱空氣密度變小變輕，因為比外頭的空氣輕，天燈會往上升高。當天燈內的空氣溫度越高，氣體的密度就越小，便產生更大的浮力，當浮力大於天燈及負載物體的總重量時，天燈即可向上升空飛行。

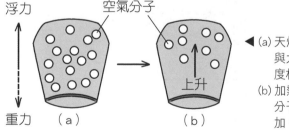

◀ (a) 天燈未加熱前，天燈內與大氣中的空氣分子密度相同。
(b) 加熱後，天燈內的空氣分子密度變小，浮力增加，天燈即可升空。

若將氣體分子熱運動運用在熱氣球，可調控熱氣球上的加熱器，調整氣囊內的空氣溫度，控制氣球的升降。當氣囊內的

空氣溫度越高時，氣囊內氣體的密度越小，產生更大的浮力，使熱氣球向上飛行；同理，當氣囊內的空氣溫度降低時，氣囊內氣體的密度變大，浮力變小，直到浮力小於熱氣球及負載物的總重量時，由於受到向下的重力大於向上的浮力和空氣阻力，於是熱氣球便會緩慢的下降。

焦耳實驗與「熱功當量」

我們常聽到「吃了這道菜，會提供身體多少卡路里的熱量」，「卡路里」就是「卡」，是熱的單位。在物理學上，摩擦會生熱，摩擦力對物體可以「作功」，「功」的單位一般採用「焦耳」。

「卡」和「焦耳」該如何換算呢？就像美金與臺幣的換算。

對物體作多少功，才可以使物質的升溫效果和 1 卡熱量相當？物理學家焦耳做過熱與功如何換算的實驗，我們稱之為「熱功當量」，該實驗方法稱為「槳葉攪拌法」。結果呈現熱可以由重力位能與動能的力學能轉換，也說明「熱是能量的一種形式」。後來國際度量衡大會基於「熱是物體間因溫度變化而轉化的能量，因此定義「1 卡約為 4.186 焦耳」，確立「熱是能量的一種形式，可以和力學能互相轉換」。

瘦身的玉米粒容易乾柴烈火？

　　2015 年 6 月 27 日，八仙水上樂園發生粉塵因電腦燈高溫閃燃塵爆事件，近五百人受傷，新聞事件登上國際媒體版面。西方有一句諺語：「人類從歷史上得到的最大教訓，就是不能從歷史上得到教訓。」以粉塵閃燃塵爆事件來說，八仙樂園不是首例，2014 年中國大陸昆山臺商工廠閃燃爆炸和 1878 年美國明尼蘇達州麵粉工廠閃燃爆炸，原因如出一轍，都是粉塵因高溫閃燃造成。

　　而臺灣這場「彩色派對」閃燃爆炸案的始作俑者竟然是玉米粉。看似不起眼的玉米粉，為什麼會在瞬間造成這麼嚴重的傷亡？

 ## 表面積與燃燒威力

　　「粉塵」是指可燃物（如玉米粉澱粉、木材等顆粒非常小）像空氣中的灰塵一樣微小，當可燃物被磨成像灰塵那樣

細小時，與氧氣結合的表面積會增大，如果剛好有火源或摩擦等燃燒觸發，微細粉塵就非常容易快速燃燒。這個道理和散開的紙張比整疊紙張燒得快，或細砂糖比冰塊溶解得快是類似的道理。

　　在物理及化學領域上，會談到「比表面積」和「粒度」概念。這是指當體積固定的木塊被切割成更多小木塊時，這些小木塊的總表面積就會比原先大塊的表面積來得大，表示「比表面積」（表面積與體積的比例）變大或「粒度」（顆粒大小）變小，如果木材的「比表面積」變大，粒度變小，一旦遇到火源，與空氣中的氧氣接觸面積變大，燃燒就會更旺盛，爆炸威力就會更猛烈。

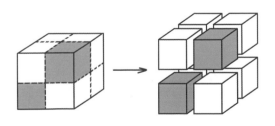

▲當大木塊切割成小木塊後，總表面積增加了，物理或化學反應也隨之加劇。也就是，當顆粒「奈米化」時，會改變原有物質的性質（例如顏色、熔點和沸點等），亦即原本人畜無害的玉米粒瘦身為玉米粉後，物理性質跟著改變，一接觸到氧氣和火源，燃燒越加旺盛。

粉塵與氧氣多次碰撞的後果

產生燃燒或爆炸的條件還有助燃物，也就是氧氣，前面提到的木材和玉米粉磨成的粉粒是可燃物，含有碳氫氧化物或碳的成分，這些可燃物達到燃燒的「燃點」都不高，約在攝氏 60 度左右，如果遇到強風助長氧氣傳播的狀況，就會增加粉塵和氧氣的碰撞機會，只要在空氣中的濃度達到一定程度，在高溫或火苗的助長下，空氣中的分子與分子碰撞速率增快，氧化反應速率變快，燃燒就越劇烈，危險就越大。

很多活動經常使用一大串氣球作為裝飾，若氣球中灌入的是氫氣，不巧活動場合中剛好有人吸菸，就可能讓氣球裡的氫氣與空氣中的氧氣結合，瞬間引起一連串的「氫爆」，這樣的氫爆傷害也具有相當大的殺傷力，不可不慎。

參加大型活動時，最好查看活動場地是否符合安全標準，觀察是否有易燃物和火源，看看是否可能有溫度過高或電線短路走火的危機，這是古人「曲突徙薪」的經驗和提醒，安全回家才是唯一的路。

科學實驗遊戲室

閃燃實驗

　　要了解塵爆閃燃現象，可以做一個簡單的閃燃實驗，這個實驗要在實驗室操作，準備滅火器，穿戴有防護功能的護目鏡和實驗衣，並在老師的指導下做實驗。

步驟 1：取一個奶粉罐，在奶粉罐側邊距離底部約 5 公分高的地方鑽個洞。

步驟 2：這個洞接上一段長約 30 公分壓克力管或玻璃管，連接奶粉罐內外。此壓克力管再接上一段長的橡皮管。

步驟 3：在奶粉罐內放置一些木炭粉或奶精粉。

步驟 4：把瓦斯噴燈或蠟燭放入奶粉罐內點火，在奶粉罐上輕輕蓋上蓋子。

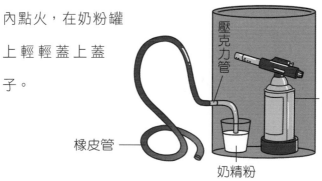

步驟 5：對著橡皮管吹氣，使木炭粉末揚起來，此時會聽到嗶嗶
　　　　剝剝的爆炸聲，罐子的蓋子也會被震開。

步驟6：如果沒蓋上蓋子，朝橡皮管一吹氣，就會吹出一團火球。

一般而言，奶精粉或木炭粉碰到火焰時不會點燃，但若散布在
空氣中，和空氣接觸的面積增大，馬上就會點燃，甚至爆炸。
因為表面積越大，反應速率越快。所以在煤礦坑中的碳粉濃度
太高時，只要一點火花，就足以引爆。

物理說不完……

燃燒是「氧化還原反應」

物體要能夠燃燒，至少必須具備三個要素：要有「可燃物」、要有「助燃物」、達到可燃物的「燃點」。

紙張、乾樹葉樹枝、木炭、蠟燭燭芯、汽油、酒精及天然氣等，這些是「可燃物」，其內含有化學元素氫、碳等；空氣中的氧氣則是最常見的助燃物；可燃物達到一定的溫度而能燃燒，這時的溫度稱為該物質的「燃點」。成語「曲突徙薪」的「薪」指的是可燃物木材或木炭，「突」是煙囪，與「熱對流」和提供助燃物（氧氣）有關。

以化學角度來看，燃燒就是「氧化還原的反應」，氧（O_2）是助燃物，也扮演「氧化劑」的角色。燃燒時一般伴隨產生能量，以光的形式呈現。例如燃燒氣體甲烷（化學式 CH_4）為例，完全燃燒後產生二氧化碳（CO_2）和水蒸氣（H_2O），以及能量（E）。

化學方程式可以寫成：

CH_4（甲烷）＋ $2O_2$（氧）→ CO_2（二氧化碳）＋ $2H_2O$（水蒸氣）＋ E（能量）

桶裝瓦斯與天然氣

臺灣家庭與商業店家使用的可燃物，一般是桶裝瓦斯和地下埋管的天然氣瓦斯。「水能載舟，也能覆舟」，瓦斯固然提供我們煮飯菜和洗澡等日常生活所需，但操作一定要小心。

桶裝瓦斯是「液化石油氣瓦斯」，其內含的化學成分主要是丙烷和丁烷，是由原油煉製處理過程中析出，其在一般溫度和壓力（常溫常壓）下，狀態是氣體，經過特別的加壓和冷卻就可使丙烷液化，再裝入鋼瓶中提供我們使用。

液化石油氣的特徵是無色、無味、無毒、易燃，為了讓我們覺察「漏氣了」，因此供應家庭使用的液化石油氣都添加臭味劑。鋼瓶桶裝瓦斯在桶內是液體，這是因為液化石油氣經加壓灌裝入鋼瓶內，若離開容器到常溫常壓的環境就變成氣體，其重量大約是空氣的 1.5 倍，因此漏氣時，這些瓦斯氣體很容易滯留在屋內的角落或較低的地方。一旦發現瓦斯漏氣了，千萬

別開燈或電風扇，更千萬別吸菸，開窗或門也要輕輕移動，避免摩擦而產生靜電，一旦不慎，容易燃燒或引發「氣爆」。

　　天然氣俗稱「天然瓦斯」，是由瓦斯公司鋪設管線提供用戶使用，又稱「自來瓦斯」。天然氣的來源是古生物遺骸長期沉積地下，經過逐漸轉化、變質、分解而產生的碳氫化合物氣體，主要成分為甲烷及少量的乙烷等。天然氣與液化石油氣一樣，都具有無色、無味、無毒、易燃的特性，而且天然氣比空氣輕，漏氣時，容易往上飄散，若不慎遇到火源，容易引起燃燒或爆炸的悲劇。為了顧及安全，瓦斯公司必須遵照法令規定，在天然氣中添加臭味劑，避免天然氣因意外而不慎洩漏時無從察覺，讓社會付出慘痛代價。

太空Show

木星上的炸薯條最好吃？

　　美國《赫芬頓郵報》曾報導：「最好吃的炸薯條是在木星上，比地球上的炸薯條還香脆對味。」木星的體積比 10 個地球還大，表面的重力場大約是地球的 2.37 倍，這一則新聞敘述希臘科學家研究「重力加速度對炸薯條的影響」，並得到「薯條炸得好不好吃與重力有相當大關係」的結論。

　　這項研究主題雖然被網友戲稱為「史上最無聊的研究」，不過卻是有趣的話題。

　　炸過的薯條究竟好不好吃？答案可能因人而異，因涉及薯條的原料及油品種類、廚師的火候功力、食用人的味蕾受器細胞、大腦接受訊息的記憶、嗅覺味覺神經傳導的敏感度等。如果所有控制條件都相同，只有重力或重力加速度不同，那麼重力大還是重力小，會讓炸薯條比較好吃？

強化重力讓炸薯條更香脆？

我們界定「好吃的薯條」，是指「薯條吃起來香脆」。如何讓薯條嘗起來香脆？那就用油來炸，沸騰的油鍋裡放入薯條，高溫的油滲入薯條中，就會香脆好吃。油的沸點會受到大氣壓力影響，大氣壓力越大，油的沸點越高，薯條更快炸熟，沸騰的油也更容易滲入薯條中。這好比使用壓力鍋，讓食物更快煮熟，因為它可以提高水或油的沸點。

如何增強大氣壓力？重力是關鍵因素。如果在有大氣層的星球表面上，增強表面的重力，則該星球表面上的大氣壓力就能增強，即能提高油的沸點，更容易快速煮熟食物。

因此，如果僅以「重力影響大氣壓力」和「大氣壓力影響油的沸點」來討論，「薯條炸得好不好吃與重力有相當大的關係」，有其道理，所以推論出「在木星上炸薯條，比在地球上炸的薯條還香脆」，也算合理。

我們不妨延伸想像兩種情況，一種是「無重力狀況」，一種是物體「加速度向上」。

「無重力狀況」並非沒有受到重力，嚴謹的說是「失重」狀態。這是什麼情況呢？相信大家搭乘過電梯，當電梯從高

處以高速下降時，這段時間內，我們在電梯內會有一種往上飄升的感覺；或者很不幸的，機械運作出問題，電梯不聽使喚，以近似自由落體的重力加速度往地面墜落，我們無法好好站穩，這時我們處於類似「失重」的飄浮狀態。這好比太空人在繞著地球作圓周運動的太空船內，人和物品都會飄浮，人與物混雜在一起，沒辦法將物品和人清楚分離，是一樣的道理。這時還能炸薯條嗎？薯條都會飄浮了，更別說要油乖乖聽話的沸騰了。

然而，如果電梯的「加速度向上」呢？這有兩種情況可能發生，第一種情況是電梯往上移動，剛啟動時，速度越來越快；第二種情況是電梯往下移動，快到一樓時，速度越來越慢。

比如說，我們到臺北 101 大樓搭乘直達第 89 層樓的電梯，人站在電梯地板上的磅秤，一開始，電梯的加速度向上，電梯向上移動的速度越來越快，這一段期間，可以發現磅秤上的讀數比我們在學校健康中心量到的體重還要重，也就是說，這段期間，加速度方向往上的電梯具有「增強重力」的效果，質量較大的物質，其「增強重力」的效果就更大。同

樣的，當電梯往下越來越慢時，也就是「減速」，其效果跟前面所提到「增強重力」的效果一樣。

電梯靜止　　　　　　　　上升加速，出現增重效果

▲當我們搭乘加速度方向向上的電梯快速上樓，這段時間會有增重效果。

這樣說來，當我們搭乘向上移動的電梯，電梯的移動速度越來越快時，這時電梯內的重力「好像」變大了，如果這時候電梯往上加速的時間能拉長，也許可以像在木星地表上炸薯條一樣可口。也就是說，如果 101 大樓的董座同意我們在大樓向上直達加速的電梯內炸薯條，這樣的薯條應該比夜市的薯條更香脆可口喔！

　　以上僅是想像與討論，千萬別在電梯裡炸薯條，那可是很危險的事。

 ## 旋轉後的薯條更可口？

　　另一種炸薯條的方式是使用旋轉式工業用炸鍋，透過快速旋轉產生「離心效應」，使氣泡容易脫離薯條，可以讓薯條比較好吃。這一點我們可以從洗衣機脫水功能來解釋，當洗衣機快速旋轉時，溼衣服上的水分子循著圓周切線脫離出去，衣服就不會溼答答。相同的道理，當薯條在快速旋轉的炸鍋中運動時，薯條內的空氣等分子因附著力不足以提供圓周運動所需要的向心力，水分和氣泡因而逸出薯條表面，薯條內部因而變得更密實，讓食用者嘗起來覺得比較可口。

　　物體作圓周運動時，需要足夠的向心力，向心力必須由外力提供，例如繩子綁著一個小球，小球能做圓周運動，就得靠繩子的拉力作為向心力，萬一繩子太脆弱（也就是繩子本身能承受的拉力或張力太小），轉動中的繩子可能無法負荷小球所需要的向心力，繩子可能被撕裂，小球就會依據原有的運動特性（慣性）而沿著圓的切線方向飛出。這是水在

脫水機運轉時脫離衣服的概念。

回到本文開頭的「史上最無聊的研究」，相信大家可以稍微了解到重力加速度和炸薯條好不好吃之間的關係了。

 科學實驗遊戲室

乒乓球不落地

如何能讓乒乓球乖乖聽話，不會因為重力作用而掉下來呢？不妨試試下列方法。

找一個空奶粉罐（或燒杯），以奶粉罐（或燒杯）朝下將桌面上的乒乓球罩住。

在桌面上快速旋轉奶粉罐，可以聽到（或感受到）乒乓球沿著罐子的內壁圓周運動，持續搖晃奶粉罐，慢慢將罐子脫離地面，並試著增加轉動頻率，可觀察乒乓球很聽話的在罐子內壁作圓周運動而不會落地。

為何乒乓球在這種情況下會乖乖聽話呢？因為球在空奶粉罐（或燒杯）的內壁圓周運動時，內壁會給乒乓球一個垂直內壁方向的作用力（稱為正向力），作為圓周運動時所需要的「向

心力」；奶粉罐的內壁與乒乓球的接觸面之間也有靜摩擦力，可以對抗地球給乒乓球的重力，因此球可以在圓周轉動時不會掉下來。

你也可以準備骰子六個，用奶粉罐蓋住骰子，然後快速搖晃轉動數圈，再抽起罐子，看看桌面上的骰子是否排列很整齊？

水，流不流？

準備一支空的寶特瓶，在瓶子內壁中央處挖個小洞，先不用蓋上瓶蓋，觀察看看，當寶特瓶注滿水時，水會從小洞噴流出來嗎？如果蓋上瓶蓋，再看看水會不會流出來呢？

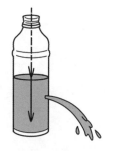 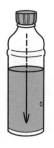

▲不蓋上蓋子，瓶內壓力（一大氣壓＋水壓）大於瓶外壓力（一大氣壓），水便往洞外流。

▲蓋上蓋子，瓶內壓力無法大於瓶外壓力，水就不會流出洞外了。

再用上述同一支挖了小洞的寶特瓶，同樣不要蓋上蓋子，再拿到高處，然後靜止釋放寶特瓶，寶特瓶掉落期間，水會從小洞流出嗎？

如果高度很高，有足夠的觀察時間，我們會發現水不會從小洞流出。為什麼呢？因為墜落期間的寶特瓶和水都處於「失重」狀態，造成瓶內的壓力不足以「擠壓」水，讓水流出來。

水能流出來的條件，必須是瓶內的水所受的總壓力大於瓶外的大氣壓力。

 物理說不完……

太空筆（無重力筆）

「太空筆」是為了可以在「無重力而物品會飄浮的太空艙內」寫字而發明。我們在地表上可以握著鋼筆、鋼珠筆、原子筆自在流暢的書寫，但是這些筆一到太空船內就發揮不了功能，因為墨水「掉」不下來。

那用鉛筆呢？鉛筆的筆芯材料是石墨，石墨會導電，萬一

斷掉了，這些粉末在失重的情況下，到處紛飛，可能引起設備導電短路，也可能飄進太空人的眼睛、鼻子、肺或呼吸器官內，影響健康，「太空筆」於焉誕生。

太空筆的原理是密閉式氣壓筆芯，裡頭填充很不活潑又不會燃燒的氮氣，靠氮氣壓力將墨水推向筆尖，這樣就不怕書寫時斷水。

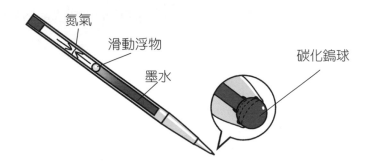

▲太空筆的尖端為材質堅硬的碳化鎢球（珠），筆的中段是墨水，筆的上端有加壓氮氣，墨水和氮氣之間有滑動的浮物區隔，用氮氣的氣壓推動墨水。

反重力玩具

市售「磁浮飛碟玩具」的完整配件包含一個磁性基座（具有磁鐵的 N 極和 S 極），一片塑膠托片，以及一個飛碟，飛碟也有磁性。

　　首先，把塑膠托片放在磁性基座上，再把飛碟放到托片上，並用力旋轉飛碟，盡量保持水平（此動作難度較高），接下來緩慢的抬起塑膠托片，讓托片稍微距離磁性基座 2 ～ 3 公分，如此一來，飛碟就可以離開托片而飄浮在空中。

　　這項玩具的原理是利用磁鐵的 N 極和 S 極，同極的互相排斥，異性極互相吸引，並利用磁極相斥的力量和重力達到力平衡。

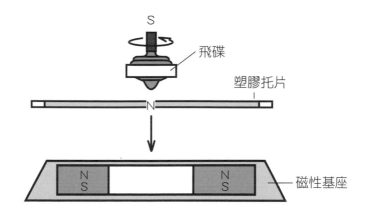

▲反重力玩具以同極相斥原理，讓飛碟漂浮在空中。

火箭升空就像鼓脹的氣球放氣？

　　自製火箭對臺灣許多學生而言是遙遠的夢想。但透過跨校跨領域的團隊合作，交通大學和成功大學等學校都曾經成功試射過混合型燃料火箭。火箭的製造細節環環相扣，橫跨機械、電機控制、複合材料、空氣動力學等領域，精密度和複雜度都相當高，讓臺灣學術界的火箭研究向前邁進一大步。

作用力與反作用力

　　火箭是一種「載具」，也就是載送衛星到太空軌道的工具。火箭究竟如何擺脫地心引力、離開地面升空？一言以蔽之，就是中學生學過的牛頓第三運動定律：「作用力與反作用力定律」；內涵是指作用力與反作力同時發生，量值相等，方向相反，因為作用在不同物體上，不能互相抵消。

　　為什麼運用「作用力與反作用力」的概念，可以讓火箭升空？我們不妨想一想：有一個鼓脹的氣球，吹氣口原本束得緊緊的，但突然放開時，氣體從氣球中噴竄出來，此時氣

球就向著相反的方向飛射出去，這是為什麼呢？我們可以這樣解釋：氣球內部的球壁對裡面的氣體分子施力，球內的氣體分子也對球壁施予一同樣大小的反作用力，因此氣球和裡面的氣體分子互相作用。一旦鼓得飽飽的氣體分子受到球壁的作用力，而衝向氣球開口時，同時給氣球反作用力，受到此反作用力推進的氣球便能在空中飛行。

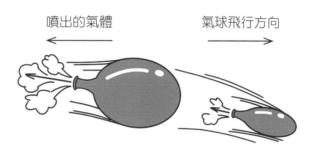

▲氣球利用噴出氣體的反作用力為動力，向氣體噴出的反方向飛行。

用塑膠水管噴水時，水向前噴出，水管會後退；手槍擊發子彈，或炮彈自炮座發射的瞬間產生的後座力，也涵蓋「作用力與反作用力」的概念。

因此，火箭要升空，必須依靠自身裝載的燃料，透過噴射出燃料逐漸擺脫地心引力的束縛，才能達成「欲上青天攬明月」的美夢。

動量守恆律

再深入討論，火箭靠發動機持續噴射氣體的反作用力來加速升空，當大量高溫高壓的氣體從尾部向下噴出時，就可以獲得往太空飛行的推進力。升空的原理是利用「作用力與反作用力」的概念。另一方面，「作用力與反作用力的本質就是動量守恆律」，以此概念來看，也可以用「動量守恆律」解釋火箭升空的原理。

「動量」是指一個物體的質量與運動速度的乘積。「動量守恆律」是指一個物體或一個系統在沒有受到外力或所受的淨力（合力）為零時，物體或系統的動量不會改變。例如氣球內的氣體與球壁互相作用，氣體與氣球構成一個系統，氣體從球內噴出的瞬間，系統的動量不會改變。因為氣體與氣球構成的系統有向下和向上的動量，就像數字有正有負的

作用在火箭上的力 ‧ 作用在氣體上的力

▲當火箭噴出向下的氣體時，氣體具有動量，方向向下，火箭就獲得量值相等且向上的動量。此為「動量守恆律」。

相同數值，使氣體和火箭的個別動量變化加起來為零，也就是系統的動量變化為零。因為一開始系統的總動量是零，所以火箭噴出氣體後，火箭和氣體的個別動量不為零，但總動量仍保持為零。因此，當火箭噴出向下的氣體時，氣體具有動量，方向向下，根據動量守恆律（也就是作用力與反作用力），火箭就獲得量值相等且向上的動量。火箭不斷向外噴出氣體時，就產生持續的反作用力，使火箭不斷向上加速。

 科學實驗遊戲室

直排輪與籃球

　　日常生活中，幾乎處處會應用到「作用力與反作用力」，走路、跑步、打球，無一不是。

　　試試看，穿著溜冰鞋，雙手抱一顆籃球，靜止站立在溜冰場上，再用力將籃球水平向右傳出去時，體驗看看是否與穿著溜冰鞋推牆壁的感覺相同？

　　因為將籃球水平向右傳出瞬間，我們對籃球施力向右，籃

球對我們施力向左，籃球向右飛出，我們同時也向左移動。如果溜冰場的場地接近光滑，我們的移動現象更明顯。

　　如果將籃球水平向右傳出瞬間，我們卻沒發生上述向左移動的現象，最可能的原因是，溜冰場的地面太粗糙或者溜冰鞋與地面的靜摩擦力太大了。

 物理說不完……

實彈射擊

　　「實彈射擊」是高中生記憶深刻的一堂課。射擊之前，教官總會千叮嚀萬交代：「槍托要緊靠肩窩。」為什麼？實彈射擊只不過是扣下鈑機，一眨眼的事而已，需要一再「耳提面命」嗎？

　　關鍵就在「一眨眼」，因為扣下鈑機的瞬間，槍身給子彈作用力，子彈同時給槍身反作用力，子彈射出的動量量值等於槍身後退的動量量值，方向相反，如果槍托沒緊靠肩窩，槍托

與肩窩之間有一小段距離，槍托會因反作用力，造成槍托後座力對肩膀作功而撞擊肩膀，肩膀容易受傷。

環保水火箭

　　網路或市面上販售水火箭套裝配件，其方法是利用喝完飲料（如汽水、可樂）的塑膠保特瓶（1,250CC），將水灌入寶特瓶中，並預留部分空間以打氣筒打入空氣，透過空氣造成的壓力改變迫使水噴出，形成反作用力推進水火箭。這是運用動量守恆的概念，也是作用力與反作力的概念設計的遊戲。

　　划船時，我們使用槳划水，槳施力給水，水同時給槳反作用力而推船前進。這個道理好比是游泳時，手往後撥（划）水，水同時給人力量而使人加速移動。

地心引力讓地球成為萬人迷

你嚮往太空旅行嗎？2013年上映的電影《地心引力》可以一窺箇中滋味。這部電影以外太空題材為主軸，呈現出太空人經歷災難及維修人造衛星的逼真畫面。太空船從地球出發到外太空，首先面臨的挑戰就是克服地心引力（或重力）的束縛，才能讓太空船脫離地球表面；其次是太空船進入軌道而環繞地球運轉時的「失重」狀態。

互相吸引的力

《地心引力》這個片名是物理學的專有名詞，一般也稱為「重力」，在這兒是指地球吸引物體的力量，依據牛頓的第三運動定律，也就是「作用力與反作用力定律」，這個力的反作用力就是物體吸引地球的力。所謂「引力」，就是兩物體互相吸引的力，而彼此互相吸引的力究竟與哪些要素有關呢？這需要請古典力學大師牛頓來告訴我們。

牛頓根據當時的科學家克卜勒的「行星運動第三定律（週

期定律）」的研究成果，加上自己的第二運動定律，最後推

論出「萬有引力定律」。主要內容是：「任何兩個物體之間

都具有彼此相互吸引的萬有引力，而且引力的量值與兩物體

質量的乘積成正比，但與彼此間的距離平方成反比。」

依據這個概念，可以了解太陽系的八大行星受到太陽的引力而環繞太陽公轉；月球受到地心引力作用而繞著地球公轉，地球吸引月球的重力就是月球繞地球作圓周運動的向心力來源。同樣的概念也可以解釋人造衛星、太空船等受到地心引力而繞地球公轉，此時地心引力就是人造衛星公轉地球所需要的向心力，向心力的方向顧名思義就是指向地心，也是重力的方向。我們的生活與「重力」息息相關，因重力作用而發展出人造衛星，才有新穎的現代生活，如全球定位系統 GPS 和氣象衛星觀測，也才能看到通訊衛星帶給我們「天涯若比鄰」的運動比賽電視轉播，以及造成人群聚集的「寶可夢」。

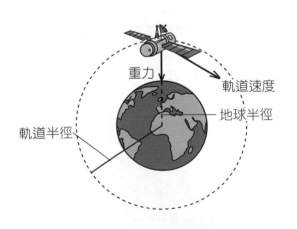

重力

軌道速度

地球半徑

軌道半徑

◀地心引力就是人造衛星公轉地球的向心力，也就是指向地心的重力方向。

地球表面的物體皆受到地心引力（重力）影響，蘋果落地就是重力作用，當投手水平投出棒球，棒球最終會墜落至地面，也是因為飛行中的棒球始終受到指向地心的重力作用。簡單說，無論是地面的拋體運動或是月球、人造衛星繞地球公轉等，都受重力影響。

同樣的道理，我們的體重也是因為在地球表面受到重力作用，通常我們利用磅秤來測量重量。從力的作用觀點來分析，當一個人靜止站在地面的磅秤上時，秤上的讀數即為此

人施於磅秤的力

人所受的地球引力

磅秤施於人的作用力

▲靜止站在地面的磅秤上時，人所受地球引力和磅秤施加於人的作用力相互抵消，使人呈現平衡狀態。

人給予磅秤的力量，也就是人受到地球引力的量值，更可以說是磅秤支撐人向上的力量（相當於正向力）。

可是為什麼電影中的太空人在太空船內是飄浮狀態呢？因為太空船在太空環繞地球轉動，這時候太空船和太空人所受的地心引力都指向地心，就是轉動時所需要的向心力，因此太空人和太空船的動作一致，導致太空船的地板無法支撐太空人，也就是此時太空船無法給人支撐的力量，船內的太空人便會飄浮在船內的任一位置，不會像地表上的我們，能坐在教室的椅子上或站在教室的地板上。正因為如此，太空人在太空船中處於飄浮狀態，即使喝水也無法將水倒在杯子

內，因為水會「飄灑」出來或其他物品也會飄浮在半空中，所以喝水時，只能把裝在軟管裡的水一點一點的擠進嘴裡。

空氣也被地球吸引？

既然物體之間具有吸引力，那麼地球當然也會吸引空氣分子，人氣壓力就是地球吸引空氣分子所造成。

地球表面附近的大氣層厚度，從地球的表面向上延伸至數百公里以外，因空氣分子受地心引力作用，絕大部分的空氣聚集在離地表約 30 公里高度的範圍內，因而產生大氣壓力。義大利科學家托里切利為了進一步知道「大氣壓力有多大」，於是動手做實驗。根據實驗結果發現，不論玻璃管口徑多大或玻璃管的傾斜程度，水銀柱的「垂直高度」都維持在相同的 76 公分高度，證實地球表面的大氣壓力大約等於 76 公分水銀柱底部的壓力，也就是俗稱的 1 大氣壓，接近 10 公尺高的水柱底部的水壓，稱為「托里切利實驗」，而玻璃管上端封閉空間為真空，稱為「托里切利真空」。

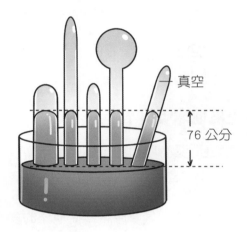

真空

76 公分

▲玻璃管內水銀柱垂直高度和管的粗細與傾斜角度
無關，管的上方為托里切利真空，1 大氣壓力約
76 公分水銀柱。

　　大氣壓力的應用對日常生活的影響甚鉅，例如吸管啜飲
果汁、塑膠吸盤等都應用大氣壓力的概念，也可以說間接應
用重力的概念。

　　看到這裡，你是不是覺得，原來看電影也可以思考物理
概念呢？

科學實驗遊戲室

一張紙撐住整杯水

　　準備一只杯口完整沒有缺陷的圓杯，裝滿水後杯口蓋上一張乾淨的紙，緊壓紙張再把杯子迅速倒轉過來，杯口朝下，把手鬆開。發現了嗎？一張紙就可以撐住整杯水。

　　杯內的水沒有流出，這是大氣壓力支撐紙張；若將杯口朝不同方向，紙張仍不會掉落，告訴我們大氣壓力與液體壓力的性質相同，並沒有特定的方向性，也就是作用在各個方向上，且與接觸面互相垂直。

▲在玻璃杯內裝滿水，紙張受
　到大氣壓力作用而能支撐水
　的重量，並不會掉落。

吸不吸得到飲料？

平常用吸管喝飲料時，試看看將一根吸管的管身用針刺一個孔，然後用此吸管喝飲料，發現什麼現象？你會發現飲料吸不上來。接下來，用手指將此孔堵住，再吸看看，又發現什麼現象？這次可以順利「暢吸」飲料了吧！為什麼呢？原來是大氣壓力在搞鬼。

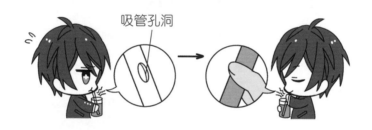

吸管孔洞

一般正常情況下，在使用吸管吸飲料時，「吸」的動作是讓吸管內上方的氣體減少，壓力變小，飲料就可從壓力較大的吸管底端推上來，造成較大的「壓力差」，形成「吸力」，而能吸進飲料。如果在吸管的側邊刺一個孔洞，此孔洞與外界大氣壓力相通，反而無法造成足夠的「壓力差」，吸管的管口和插入杯中飲料的吸管底端沒有足夠的壓力差形成推力，就無法吸進飲料。

物理說不完⋯⋯

拔罐

拔罐是中醫診所常用的外部治療方式，以火罐式拔罐為例，運動時拉傷或扭傷，中醫師以火烘烤平口玻璃罐，讓玻璃罐內的空氣跑出來，形成近似「負壓」狀態，將罐口對準受傷部位，再往外拉，會拉起一部分淺皮肌肉，達到減輕疼痛的療效。從氣壓較大的地方（皮膚）到氣壓較小的地方（玻璃罐內），表面肌肉處因有壓力差，故對此接觸面積上的肌肉產生作用力，這是拔罐的物理概念。這個應用類似「吸盤」（如下圖）。

▲吸盤外的壓力大於吸盤內的
壓力，因此吸盤能牢牢吸住
牆壁。

真空電梯

真空電梯的原理是應用「氣壓差」的概念，氣壓差產生推力，因此較貼切的名稱應是「氣壓電梯」。

真空電梯的外觀像一支大型玻璃管，裡頭搭乘的「車廂」像一節透明的活塞，廂內的氣壓如同正常的大氣壓。當啟動真

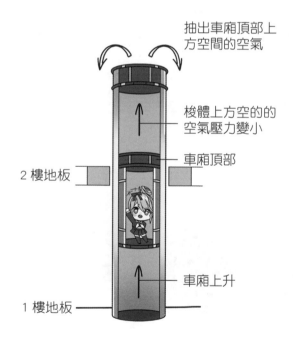

抽出車廂頂部上方空間的空氣

梭體上方空的的空氣壓力變小

車廂頂部

2 樓地板

車廂上升

1 樓地板

▲真空電梯利用車廂頂部與底部的氣壓差造成推力，可控制向上或向下運動。當車廂上方空氣被抽空時，車廂下方的空氣將車廂往上推，反之亦然。

空電梯時，馬達運作，如同使用吸管喝飲料，抽取真空電梯頂部的空氣，造成頂部與底部的氣壓差，底部的氣體將電梯往上推，電梯就能往上移動。相同的道理，要下樓時，只要將電梯頂部充氣加壓，讓頂部的氣壓大於底部的氣壓時，氣壓差造成向下的推力，電梯就會下降。

紅色戰神衝衝衝！

喜愛「觀星」的天文迷都知道「紅色戰神」——火星——是太陽系的成員之一，也是我們地球在太陽系的鄰居，古代天文官賦予火星另一個名稱——熒惑。

凶星？戰神？

中國在天文學觀測起步很早，而且相當重視，從《史記》等古籍中得知，古代中國還設有「天文官」專門記載天象資料，當時被稱為「熒惑」的火星就是受到矚目的一顆行星。那時候的民俗認知和社會氛圍，甚至認為天上出現「熒惑」就是社會紛亂的預兆，「熒惑」現身，將引起飢荒、戰亂、疾病等悲劇。《史記·天官書》記載一段文字：「雖有明天子，必視熒惑所在。」這段話說明古代人相信「熒惑」與君主的天命息息相關，也與人民的幸福和疾苦有關。

中央研究院院士黃一農教授曾探討「熒惑守心」的天象，這裡的「心」指的是「心宿」，古代二十八宿之一，「熒惑

守心」是說明「熒惑（火星）從順時針轉變成逆時針，而且停留在心宿的一段時期的天文現象」，這種天文現象以 50 年為週期，被古人視為「凶兆」，象徵皇帝駕崩等不祥事件。

　　相較於我們祖先把火星視為「凶兆」，當成君主知悉天命和民間疾苦、戰爭災難的象徵，西方兩河流域的古人卻把火星看作「死神」，輾轉傳到羅馬後，變成驍勇善戰的「戰神」，強調「雄性」力量，而且發展成浪漫的想像，一起把金星納入夢幻的故事中，金星成為「雌姓」的維納斯女神，與戰神火星發展出纏綿糾結的愛情故事。

火星衝與橢圓形軌道

　　從西方科學史的記載來看，第一位裸眼觀測天空且長期完整記錄資料的「天文觀測學家」應是丹麥人第谷。第谷為人一絲不苟，做事鍥而不捨，熱愛天空，以「視差法」驗證天空星球等天體的週期，並留下超新星的觀測資料。第谷平時大量觀測的天文資料，都交給助手德國籍的克卜勒處理，臨終時特別囑咐克卜勒務必整理出規則。克卜勒擅長數學，他把第谷交給他的巨量資料「大數據」經過多年整理歸納後，

先後在 1609 年提出「克卜勒行星運動第一和第二定律」、
1619 年提出「克卜勒行星運動第三定律」，結合成「克卜勒
行星運動三大定律」，說明各大行星繞行太陽的週期與各行
星與太陽平均距離的關係，對後代天文物理學的發展可說居
功厥偉。

　　近三十年來，火星幾乎虜獲人類的目光，尤其是科幻作
家、電影編劇和導演，從火星運河、火星人等科幻事件，讓
火星一度成為眾所矚目的焦點，美國好萊塢為它拍攝《火星
任務》、《全面失控》等膾炙人口的電影。美國太空總署也
編列巨額研究經費研發哈伯望遠鏡、克卜勒望遠鏡等精密儀
器觀測火星及宇宙的天體，並數次透過「挑戰者號」、「好
奇號」等探索火星的岩石結構、生命跡象和生存條件，甚至
研發奈米碳管材料，希望建立探索科學家了解火星的太空橋
梁。

　　現代天文迷對「火星衝」更是津津樂道。「火星衝」是
指：每隔一段時間，火星的位置正好與太陽位在地球的兩側，
形成經度相差 180 度的一直線，火星此時的位置，天文學稱

之為「火星衝」。當火星在繞行太陽公轉的軌道上，正好移動到「衝」的位置時，是地球上最適合觀測火星的時刻，也是媒體爭相報導的天文現象。想要觀測「火星衝」，需要耐心等待，因為週期大約需要 2 年又 49 天，才能看到下一次的「火星衝」。

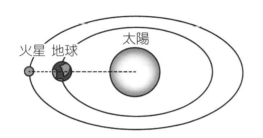

火星 地球　太陽

◀當火星和太陽位在地球兩側，形成一直線時，便是「火星衝」。此時火星最接近地球，夜晚以肉眼即可看見。

　　現在我們已經很清楚了解，火星、地球及太陽系其他行星能繞太陽週期公轉，主要是靠太陽與行星之間的萬有引力作為圓周運動所需的向心力。依據牛頓「萬有引力定律」，太陽與各行星之間，質量越大，距離越短，兩星球間的引力就越大。與行星比較，太陽的質量大很多，因此圓周運動所需的向心力主要還是太陽引力。

　　太陽系八大行星的排列位置以太陽為公轉中心，由內往

外的軌道分別是水星、金星、地球和火星的「內行星」體系，
也稱為「類地行星」，以及木星、土星、天王星、海王星的「外
行星」體系。依據克卜勒行星運動第一定律（軌道定律），
行星繞太陽公轉的軌道近似橢圓形，每個行星都有自己的橢
圓公轉軌道，太陽並非在每個橢圓軌道的正中心，而是在橢
圓中心偏旁的其中一個焦點上，因此火星與地球繞太陽時，
都有其最靠近太陽的近日點和最遠離太陽的遠日點。若比較
地球和火星，火星距離太陽的平均距離大約是地球離太陽的
1.52 倍。依據克卜勒行星運動第三定律（週期定律），距離
太陽越遠的行星，繞太陽一周的時間就越長。依據觀測和週
期定律估算，火星繞太陽的公轉週期大約是地球的 1.88 倍，
相當於地球的一年十個月。如果我們具有以上的概念，那麼
就能理解「火星衝」現象。

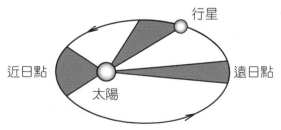

行星

近日點

太陽

遠日點

◀地球和火星繞太陽的軌
道近似於橢圓形，太陽
位在焦點上，當行星位
置移至離太陽最近時，
就稱為近日點；當行星
位置離太陽最遠時，就
稱為遠日點。

　　由於「火星衝」是指太陽、地球和火星排成一條直線，地球位在太陽和火星之間，這樣的位置排列大約每二年二個月發生一次。由於太陽的光線會直接射向火星然後反射回地球，因此在地球觀看火星的時候，會覺得火星特別明亮，尤其在「衝」時的火星距地球較近，我們在地球表面上看到火星的「視直徑」覺得比較大，如果透過天文臺的望遠鏡觀看，可以看到火星表面外觀熒熒如火，因此古人稱火星為「熒惑」。

　　2003 年 8 月，火星與地球的距離是六萬年來最接近的一次，稱為「火星大衝」，最主要原因是火星位在它的軌道的近日點附近，而地球正位於地球的軌道「黃道」的遠日點附近，而且此時太陽、地球和火星恰好在一直線上。這種機會非常難得，下次「火星大衝」估計要在 2020 年才會再出現。

科學實驗遊戲室

模擬克卜勒行星運動定律的橢圓軌道。

步驟 1：先將兩根圖釘固定在厚紙板上，再取一條兩根圖釘距離

2 倍長的細繩，細繩兩端固定在圖釘上。

步驟 2：用鉛筆筆頭緊靠細繩往外拉緊，形成一個端點 p。

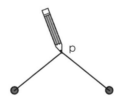

步驟 3：在拉緊細繩的狀態下，沿著周圍移動，形成無數個 p。

每個端點 p 連起來所畫出的圖形即為橢圓。兩根圖釘

的位置即為橢圓的焦點。

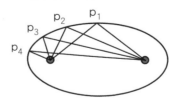

透過這個活動實驗，可以體會克卜勒行星運動定律，太陽在其中一個焦點上，因此公轉一圈，都會經過最靠近太陽的近日點，以及最遠離太陽的遠日點。如果我們能從實際畫橢圓的經驗，知道火星和地球在公轉太陽軌道時的近日點和遠日點，就比較能夠了解發生「火星衝」的概念。

 物理說不完……

從「地心說」到「日心說」

古希臘時期，具有權威的哲學家亞里斯多德認為地球在宇宙中心，其他星體皆環繞地球運行。之後，托勒密提出「地心說」，說明太陽和其他行星都繞地球運行。這些論點在當時的宗教思想中幾乎根深柢固。然而，「地心說」最終受到挑戰，波蘭人哥白尼提出「日心說」，認為太陽是在宇宙中心，地球和其他行星以圓形軌道環繞太陽公轉。也許「德不孤，必有鄰」，自製望遠鏡的伽利略透過長期觀察的洞察力，看到環繞木星運

轉的衛星等天文現象，確定托勒密的「地心説」並不正確，強而有力的支持哥白尼的「日心説」。

從天文觀察資料和數學歸納提出「行星運動定律」的克卜勒，比伽利略大約小七歲，伽利略曾寫信給克卜勒，討論行星運動定律的相關概念，可說是找到「日心説」的知音。當時宗教思想甚囂塵上，交通又不方便，伽利略以「魚雁往返」方式與克卜勒談「太陽為中心」的論點，獲得克卜勒科學和數學理論的相挺，為「不因歌者苦，但傷知音稀」寫下最好的注解。

被後人尊稱為「近代實驗方法之父」的伽利略，晚年受到教廷迫害，冒著「大不韙」風險，提出新的天文觀點，勤於觀察與實驗，讓比薩斜塔自由落體實驗、改良望遠鏡等成為膾炙人口的歷史紀錄，為後來的實驗科學發展奠定重要基礎，至今受人緬懷。

火星倒退嚕？

從地球上觀測火星，會觀察出火星具有「逆行現象」，主要原因是因為地球和火星都是公轉太陽週期運動，相對於火星，地球較靠近太陽，週期較短，公轉一圈較快，因此從地球看火

星的相對運動，會「覺得」火星速率變慢，好像倒退嚕，產生
火星逆行的錯覺。

　　這種在地球上觀察火星的運動，好比我們在筆直的公路上
開車，比我們慢的車子，我們就會「覺得」這部車子在後退。
事實上，車子一樣在前進，只因為我們的車速比較快而已。

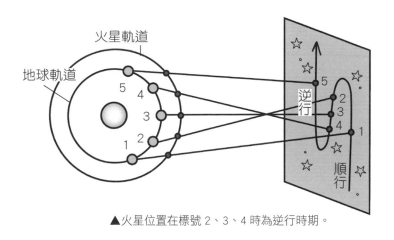

▲火星位置在標號 2、3、4 時為逆行時期。

何處是宇宙的盡頭？

所謂「宇宙」，上下四方為「宇」、古往今來為「宙」，是空間和時間的概念，也是李白的「天地者，萬物之逆旅；光陰者，百代之過客」。

古人很早就對「宇宙」提出疑問，楚國詩人屈原在他著名的楚辭《天問》中，就提出好幾個和宇宙有關的問題，也就是「天」。夜晚仰望星羅棋布的天空，令人想起杜甫的「人生不相見，動如參與商」，參與商是天上的兩顆恆星，兩星在天空（或說是天文物理學的「天球」）的距離約成一直線，只會在不同的時間或季節出現在天空，詩人藉此喟嘆親友間難得相見的景況。孔子也說：「為政以德，譬如北辰，居其所而眾星拱之。」「北辰」指的是現今地球自轉軸指向的「北極星」，以此說明領導者以道德來治理國家，就像天空的天體環繞北極星運行，一切都有規則與方向。

宇宙長大中

當我們舉頭目視夜空，看見閃爍的星星鑲嵌在天空夜幕上，寧靜而安詳；當我們使用高倍數高鑑別力的望遠鏡觀察星空，可能觀察到多采多姿的「視」界。透過觀察與理論的發展，人類對於宇宙的想法，已由古代感性的唱嘆轉變成理性的探索，並發展成科學的研究。王陽明說：「山近月遠覺月小，便道此山大於月；若人有眼大如天，還見山小月更闊」，說明天文觀測開啟人類的視野，亦如科學家哈伯透過觀測，發現越遙遠的星系，遠離我們的速率越快，進而推論宇宙在膨脹中。

當我們仰望星空時，銀河橫貫天際，像一條流淌在天上閃閃發光的河流。如果仔細觀察，銀河實際上是由許許多多的星星所組成。我們把這種由千百億顆恆星以及分布在它們之間的星際氣體、宇宙塵埃等物質構成的天體系統叫做「星系」。我們在地球上所看到的銀河就稱做銀河系的星系。銀河系大約由兩千億顆恆星組成，為眾多星系中的一個，而我們的太陽僅是銀河系中的一顆恆星，在浩瀚的宇宙中相當渺小，而地球是太陽的八大行星之一，當然更渺小。

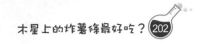
紅移現象

著名的美國科學家哈伯曾經測量遠方星系特定元素的光譜，並且與地球上同一種類元素的光譜比對分析（就好像比對元素的身分證或組成成分一樣），得到一項重大發現，就是來自遠方星系的光，其光譜線都向紅色的一端偏移，稱為「紅移現象」，隨著星系的距離越遠，偏移的程度會越大。

為何會有光譜紅移的現象呢？以聲波的「都卜勒效應」來說，當聲源（例如火車汽笛聲）離去時，聲音會變低沉，即頻率變低，波長變長。光波（電磁波）也有「都卜勒效應」，由於紅光頻率較長，所以當光譜向紅色一端移動時，表示星系正在遠離地球，紅移現象便是由於星系與地球的相對運動所造成。

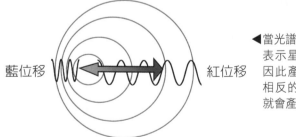

藍位移　　　　　　　　　　　紅位移

◀當光譜向紅色一端移動時，表示星系正在遠離地球，因此產生「紅移現象」。相反的，藍光頻率較短，就會產生「藍移現象」。

哈伯觀察發現，所有遠方的星系都正在離地球遠去，而且星系遠離地球的速率與該星系和地球的距離成正比，也就是距離地球越遠的星系，它的遠離速率就越大，這項發現結果稱為「哈伯定律」。哈伯定律告訴我們，星系之間互相遠離，也就是整個宇宙正處於膨脹狀態，整個宇宙就像是一個吹氣而膨脹中的氣球，各個星系就好比嵌在氣球面上的點狀物，當氣球膨脹時，彼此之間相互遠離。

(a)　　　　　　　　　(b)

▲想了解宇宙的膨脹，可將氣球球面當成宇宙來模擬宇宙膨脹。(a)氣球較小，球面上有 A、B、C 三個星系。(b)當氣球變大時，球面上 A、B、C 之間的距離變大。也就是，氣球球面的星系，其實是靜止的，其本身的大小沒有增加，但隨著宇宙的膨脹，任兩個星系間的距離卻增加了。

科學實驗遊戲室

　　有個簡單有趣的實驗可以體會聲波的都卜勒效應。

　　取一條家裡洗衣機用的水管或市面上買得到的水管，單手握住水管一端，然後讓水管在空中作水平圓周運動，請注意不要傷到站在旁邊的同學，此時同學會聽到高低不同頻率的聲音，當水管另一端旋轉時的切線方向指向同學，此時同學接收到的頻率略高，如果切線方向離同學而去，同學接收到的頻率略低，形成高低不同的頻率。

　　聲波和光波都有「都卜勒效應」，各有其應用領域，如透過都卜勒效應，超音波「聲納」測定深海魚群的位置，應用光波都卜勒效應設計「測速儀」，偵測汽車是否超速，或測量「馬林魚隊」先發投手陳偉殷投出的球速為多少。

物理說不完……

星光的亮度

在晴朗的夜晚到一個沒有光害（光汙染）的地方，靜靜的仰望靜謐的夜空，閃爍的星光，隱含的祕密與動人的傳說將帶給人無限的想像空間。

現在我們看到的星星，往往是這顆恆星十多年前或更久以前發出的光。因為光是以光速（約每秒 30 萬公里）傳播，光「走」一年的距離稱為「光年」，一光年接近 10^{13} 公里。所以，距離地球越遠，時間就越久，亮度也就越低。

蘇軾在〈夜行觀星〉中寫道：「大星光相射，小星鬧若沸。」意思是，大星星耀眼燦爛，小星星繁多密集，這種現象其實是距離不同的關係。我們在地球上觀測到的夜空恆星，距離地球都很遠，絕大多數可視為點光源，且有遠近差異，因此並無大小之分，只有明暗之別。

天文與宇宙物理學家以「視星等」表示在地球觀測到的恆星亮度，分成一等星到六等星，星星越亮，星等越小。例如北

極星為「2 等星」，織女星則為「零等星」，夜空中看起來最亮
而被詩人余光中寫入詩集的天狼星為「負 1.5」。

簡單說，亮度相差 100 倍的兩恆星天體，其星等差為 5。
星等值越大，代表亮度越暗。

星星每天提早 4 分鐘升起？

怎麼會呢？這得從地球自轉與地球繞太陽公轉談起。

恆星（天體）和太陽、月球一樣，因為地球自轉而東升西落。
科學家透過觀測，了解所有的星星都繞著一個轉軸（稱為天球
北極）運動，一天繞一圈，這是恆星的「周日運動」。

實際上，真正轉動的並非是天上的星星，而是我們（地球）。
地球繞著貫穿南北極的「自轉軸」，每日自西向東自轉一週，
地球上的我們不會感覺在轉動，卻以為星星、太陽由東向西移
動。這個道理與我們搭車向前走，路旁的建築物和樹木向後移
動的道理一樣。由於現在地球的自轉軸大約指向北極星，因此
北極星看起來似乎永遠在北方。

當地球在公轉軌道（黃道）上的不同位置時，看到的恆星
是不同方位的星星，每天同一時刻觀賞夜空中的同一顆星星，

其在天空的位置會改變，一年後才出現在同一個位置，這就是恆星的「週年運動」。

地球公轉太陽一週大約為 365 天，一週為 360 度，因此地球公轉一天的角度很接近 1 度，地球在公轉時也同時在自轉，地球自轉一圈為一天，也就是 24 小時，即 1440 分鐘，換句話說，地球自轉 1 度約 4 分鐘（1440÷360=4）。

由於地球同時在自轉和公轉，而且都是逆時針轉動，加上地球自轉 1 度約 4 分鐘，因此當某一顆恆星在第一天午夜零時出現在我們的頭頂上時，第二天晚上出現在頭頂上同一個位置的時刻會在 23 點 56 分，也就是比前一天提早 4 分鐘出現在同一位置。看來，星星真勤快，愛早起啊！

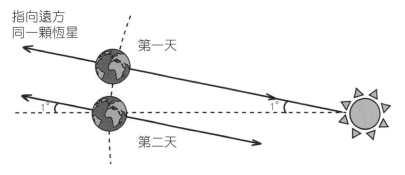

▲地球自轉一週的同時，也繞著太陽公轉約 1 度，因此連續兩天遠方恆星出現在相同位置，地球必須多自轉 1 度。地球自轉 1 度需時約 4 分鐘，故每隔一天恆星會提早 4 分鐘出現。

國家圖書館出版品預行編目資料

生活物理SHOW!2.0：木星上的炸薯條最好吃？
　　/ 簡麗賢著. -- 初版.
　　-- 臺北市：幼獅, 2017.06
　　面；　公分. -- (科普館；10)
　　ISBN 978-986-449-074-5(平裝)

　　1.物理學 2.通俗作品

330　　　　　　　　　　　　106004504

・科普館010・

生活物理SHOW! 2.0：
木星上的炸薯條最好吃？

作　　　者＝簡麗賢
內文繪圖＝黃予辰
出 版 者＝幼獅文化事業股份有限公司
發 行 人＝李鍾桂
總 經 理＝王華金
總 編 輯＝劉淑華
副總編輯＝林碧琪
主　　編＝林泊瑜
編　　輯＝黃淨閔
美術編輯＝李祥銘、余芯萍
總 公 司＝10045臺北市重慶南路1段66-1號3樓
電　　話＝(02)2311-2836
傳　　真＝(02)2311-5368
郵政劃撥＝00033368

印　　刷＝崇寶彩藝印刷股份有限公司
定　　價＝250元
港　　幣＝83元
初　　版＝2017.06
二　　刷＝2018.07
書　　號＝935032

幼獅樂讀網
http://www.youth.com.tw
e-mail:customer@youth.com.tw
幼獅購物網
http://shopping.youth.com.tw